• The Computer and the Brain •

我一直认为，冯·诺伊曼的聪明才智表明，他属于一个新的、超乎人类的物种！

——汉斯·贝瑟（Hans A. Bethe）

在人类历史上，每一个世纪，总有那么少数几个人，他们孤军奋战解决一些难题，在黑板上写几个公式就改变了世界。冯·诺伊曼是 20 世纪或许也可以说是有史以来最有影响力的数学家之一，正是因为其完成的运算，我们现在才可以快速完成许多异乎寻常的事情。

——诺尔曼·麦克雷（Norman Macrae）

本书列入"十三五"国家重点图书出版规划

科学元典丛书

The Series of the Great Classics in Science

主　　编　　任定成

执行主编　　周雁翎

策　　划　　周雁翎

丛书主持　　陈　静

　　科学元典是科学史和人类文明史上划时代的丰碑，是人类文化的优秀遗产，是历经时间考验的不朽之作。它们不仅是伟大的科学创造的结晶，而且是科学精神、科学思想和科学方法的载体，具有永恒的意义和价值。

科学元典丛书

计算机与人脑

The Computer and the Brain

[美] 冯·诺伊曼 著　甘子玉 译

北京大学出版社
PEKING UNIVERSITY PRESS

图书在版编目（CIP）数据

计算机与人脑／（美）冯·诺伊曼（Neumann, J.V.）著；甘子玉译. 一北京：北京大学出版社，2010.6

（科学元典丛书）

ISBN 978-7-301-16760-1

Ⅰ.①计…　Ⅱ.①诺…②甘…　Ⅲ.①科学普及—电子计算机—基本知识②脑科学—基本知识　Ⅳ.①TP3②R338.2

中国版本图书馆 CIP 数据核字（2010）第 071579 号

THE COMPUTER AND THE BRAIN

By John von Neumann

New Haven: Yale University Press, 1958

书　　　　名	计算机与人脑
	JISUANJI YU RENNAO
著作责任者	［美］冯·诺伊曼（Neumann, J.V.）　著　甘子玉　译
丛 书 策 划	周雁翎
丛 书 主 持	陈　静
责 任 编 辑	李淑方
标 准 书 号	ISBN 978-7-301-16760-1
出 版 发 行	北京大学出版社
地　　　址	北京市海淀区成府路 205 号　100871
网　　　址	http://www.pup.cn　新浪微博：@北京大学出版社
微信公众号	科学与艺术之声（微信号：sartspku）
电 子 信 箱	zyl@ pup.pku.edu.cn
电　　　话	邮购部 010-62752015　发行部 010-62750672　编辑部 010-62767346
印 刷 者	北京中科印刷有限公司
经 销 者	新华书店
	787 毫米×1092 毫米　16 开本　10.5 印张　200 千字　16 插页
	2010 年 6 月第 1 版　2020 年 9 月第 8 次印刷
定　　　价	45.00 元

弁 言

这套丛书中收入的著作,是自古希腊以来,主要是自文艺复兴时期现代科学诞生以来,经过足够长的历史检验的科学经典。为了区别于时下被广泛使用的"经典"一词,我们称之为"科学元典"。

我们这里所说的"经典",不同于歌迷们所说的"经典",也不同于表演艺术家们朗诵的"科学经典名篇"。受歌迷欢迎的流行歌曲属于"当代经典",实际上是时尚的东西,其含义与我们所说的代表传统的经典恰恰相反。表演艺术家们朗诵的"科学经典名篇"多是表现科学家们的情感和生活态度的散文,甚至反映科学家生活的话剧台词,它们可能脍炙人口,是否属于人文领域里的经典姑且不论,但基本上没有科学内容。并非著名科学大师的一切言论或者是广为流传的作品都是科学经典。

这里所谓的科学元典,是指科学经典中最基本、最重要的著作,是在人类智识史和人类文明史上划时代的丰碑,是理性精神的载体,具有永恒的价值。

一

科学元典或者是一场深刻的科学革命的丰碑,或者是一个严密的科学体系的构架,或者是一个生机勃勃的科学领域的基石,或者是一座传播科学文明的灯塔。它们既是昔日科学成就的创造性总结,又是未来科学探索的理性依托。

哥白尼的《天体运行论》是人类历史上最具革命性的震撼心灵的著作,它向统治西方思想千余年的地心说发出了挑战,动摇了"正统宗教"学说的天文学基础。伽利略《关于托勒密与哥白尼两大世界体系的对话》以确凿的证据进一步论证了哥白尼学说,更直接地动摇了教会所庇护的托勒密学说。哈维的《心血运动论》以对人类躯体和心灵的双重关怀,满怀真挚的宗教情感,阐述了血液循环理论,推翻了同样统治西方思想千余年、被"正统宗教"所庇护的盖伦学说。笛卡儿的《几何》不仅创立了为后来诞生的微积分提供了工具的解析几何,而且折射出影响万世的思想方法论。牛顿的《自然哲学之数学原理》标志着17世纪科学革命的顶点,为后来的工业革命奠定了科学基础。分别以惠更斯的《光论》与牛顿的《光学》为代表的波动说与微粒说之间展开了长达200余年的论战。拉瓦锡在《化学基础论》中详尽论述了氧化理论,推翻了统治化学百余年之久的燃素理论,这一智识壮举被公认为历史上最自觉的科学革命。道尔顿的《化学哲学新体系》奠定了物质结构理论的基础,开创了科学中的新时代,使19世纪的化学家们有计划地向未知领域前进。傅立叶的《热的解析理论》以其对热传导问题的精湛处理,突破了牛顿《原理》所规定的理论力学范围,开创了数学物理学的崭新领域。达尔文《物种起源》中的进化论思想不仅在生物学发展到分子水平的今天仍然是科学家们阐释的对象,而且100多年来几乎在科学、社会和人文的所有领域都在施展它有形和无形的影响。摩尔根的《基因论》揭示了孟德尔式遗传性状传递机理的物质基础,把生命科学推进到基因水平。爱因斯坦的《狭义与广义相对论浅说》和薛定谔的《关于波动力学的四次演讲》分别阐述了物质世界在高速和微观领域的运动规律,完全改变了自牛顿以来的世界观。魏格纳的《海陆的起源》提出了大陆漂移的猜想,为当代地球科学提供了新的发展基点。维纳的《控制论》揭示了控制系统的反馈过程,普里戈金的《从存在到演化》发现了系统可能从原来无序向新的有序态转化的机制,二者的思想在今天的影响已经远远超越了自然科学领域,影响到经济学、社会学、政治学等领域。

科学元典的永恒魅力令后人特别是后来的思想家为之倾倒。欧几里得的《几何原本》以手抄本形式流传了1800余年,又以印刷本用各种文字出了1000版以上。阿基米德写了大量的科学著作,达·芬奇把他当作偶像崇拜,热切搜求他的手稿。伽利略以他的继承人自居。莱布尼兹则说，了解他的人对后代杰出人物的成就就不会那么赞赏了。为捍卫《天体运行论》中的学说，布鲁诺被教会处以火刑。伽利略因为其《关于托勒密与哥白尼两大世界体系的对话》一书，遭教会的终身监禁，备受折磨。伽利略说吉尔伯特的《论磁》一书伟大得令人嫉妒。拉普拉斯说，牛顿的《自然哲学之数学原理》揭示了宇宙的最伟大定律，它将永远成为深邃智慧的纪念碑。拉瓦锡在他的《化学基础论》出版后 5 年被法国革命法庭处死，传说拉格朗日悲愤地说，砍掉这颗头颅只要一瞬间，再长出这样的头颅一百年也不够。《化学哲学新体系》的作者道尔顿应邀访法，当他走进法国科学院会议厅时，院长和全体院士起立致敬，得到拿破仑未曾享有的殊荣。傅立叶在《热的解析理论》中阐述的强有力的数学工具深深影响了整个现代物理学，推动数学分析的发展达一个多世纪，麦克斯韦称赞该书是"一首美妙的诗"。当人们咒骂《物种起源》是"魔鬼的经典""禽兽的哲学"的时候，赫胥黎甘做"达尔文的斗犬"，挺身捍卫进化论，撰写了《进化论与伦理学》和《人类在自然界的位置》，阐发达尔文的学说。经过严复的译述，赫胥黎的著作成为维新领袖、辛亥精英、"五四"斗士改造中国的思想武器。爱因斯坦说法拉第在《电学实验研究》中论证的磁场和电场的思想是自牛顿以来物理学基础所经历的最深刻变化。

在科学元典里，有讲述不完的传奇故事，有颠覆思想的心智波涛，有激动人心的理性思考，有万世不竭的精神甘泉。

二

按照科学计量学先驱普赖斯等人的研究，现代科学文献在多数时间里呈指数增长趋势。现代科学界，相当多的科学文献发表之后，并没有任何人引用。就是一时被引用过的科学文献，很多没过多久就被新的文献所淹没了。科学注重的是创造出新的实在知识。从这个意义上说，科学是向前看的。但是，我们也可以看到，这么多文献被淹没，也表明划时代的科学文献数量是很少的。大多数科学元典不被现代科学文献所引用，那是因为其中的知识早已成为科学中无须证明的常识了。即使这样，科学经典也会因为其中思想的恒久意义，而像人文领域里的经典一样，具有永恒的阅读价值。于是，科学经典就被一编再编、一印再印。

早期诺贝尔奖得主奥斯特瓦尔德编的物理学和化学经典丛书"精密自然科学经典"从 1889 年开始出版，后来以"奥斯特瓦尔德经典著作"为名一直在编辑出版，有资料说目前已经出版了 250 余卷。祖德霍夫编辑的"医学经典"丛书从 1910 年就开始陆续出版了。也是这一年，蒸馏器俱乐部编辑出版了 20 卷"蒸馏器俱乐部再版本"丛书，丛书中全是化学经典，这个版本甚至被化学家在 20 世纪的科学刊物上发表的论文所引用。一般把 1789 年拉瓦锡的化学革命当作现代化学诞生的标志,把 1914 年爆发的第一次世界大战称为化学家之战。奈特把反映这个时期化学的重大进展的文章编成一卷,把这个时期的其他 9 部总结性化学著作各编为一卷,辑为 10 卷"1789—1914 年的化学发展"丛书,于 1998 年出版。像这样的某一科学领域的经典丛书还有很多很多。

科学领域里的经典,与人文领域里的经典一样,是经得起反复咀嚼的。两个领域里的经典一起,就可以勾勒出人类智识的发展轨迹。正因为如此,在发达国家出版的很多经典丛书中,就包含了这两个领域的重要著作。1924 年起,沃尔科特开始主编一套包括人文与科学两个领域的原始文献丛书。这个计划先后得到了美国哲学协会、美国科学促进会、美国科学史学会、美国人类学协会、美国数学协会、美国数学学会以及美国天文学学会的支持。1925 年,这套丛书中的《天文学原始文献》和《数学原始文献》出版,这两本书出版后的 25 年内市场情况一直很好。1950 年,他把这套丛书中的科学经典部分发展成为"科学史原始文献"丛书出版。其中有《希腊科学原始文献》《中世纪科学原始文献》和《20 世纪(1900—1950 年)科学原始文献》,文艺复兴至 19 世纪则按科学学科(天文学、数学、物理学、地质学、动物生物学以及化学诸科)编辑出版。约翰逊、米利肯和威瑟斯庞三人主编的"大师杰作丛书"中,包括了小尼德勒编的 3 卷"科学大师杰作",后者于 1947 年初版,后来多次重印。

在综合性的经典丛书中,影响最为广泛的当推哈钦斯和艾德勒 1943 年开始主持编译的"西方世界伟大著作丛书"。这套书耗资 200 万美元,于 1952 年完成。丛书根据独创性、文献价值、历史地位和现存意义等标准,选择出 74 位西方历史文化巨人的 443 部作品,加上丛书导言和综合索引,辑为 54 卷,篇幅 2 500 万单词,共 32 000 页。丛书中收入不少科学著作。购买丛书的不仅有"大款"和学者,而且还有屠夫、面包师和烛台匠。迄 1965 年,丛书已重印 30 次左右,此后还多次重印,任何国家稍微像样的大学图书馆都将其列入必藏图书之列。这套丛书是 20 世纪上半叶在美国大学兴起而后扩展到全社会的经典著作研读运动的产物。这个时期,美国一些大学的寓所、校园和酒吧里都能听到学生讨论古典佳作的声音。有的大学要求学生必须深研 100 多部名著,甚至在教学中不得使用最新的实验设备而是借助历史上的科学大师所使用的方法和仪器复制品去再现划时代的著名实验。至 20 世纪 40 年代末,美国举办古典名著学习班的城市达 300 个,学员约 50 000 余众。

相比之下,国人眼中的经典,往往多指人文而少有科学。一部公元前 300 年左右古希腊人写就的《几何原本》,从 1592 年到 1605 年的 13 年间先后 3 次汉译而未果,经 17 世纪初和 19 世纪 50 年代的两次努力才分别译刊出全书来。近几百年来移译的西学典籍中,成系统者甚多,但皆系人文领域。汉译科学著作,多为应景之需,所见典籍寥若晨星。借 20 世纪 70 年代末举国欢庆"科学春天"到来之良机,有好尚者发出组译出版"自然科学世界名著丛书"的呼声,但最终结果却是好尚者抱憾而终。20世纪90年代初出版的"科学名著文库",虽使科学元典的汉译初见系统,但以10卷之小的容量投放于偌大的中国读书界,与具有悠久文化传统的泱泱大国实不相称。

我们不得不问:一个民族只重视人文经典而忽视科学经典,何以自立于当代世界民族之林呢?

<h1 style="text-align:center">三</h1>

科学元典是科学进一步发展的灯塔和坐标。它们标识的重大突破,往往导致的是常规科学的快速发展。在常规科学时期,人们发现的多数现象和提出的多数理论,都要用科学元典中的思想来解释。而在常规科学中发现的旧范型中看似不能得到解释的现象,其重要性往往也要通过与科学元典中的思想的比较显示出来。

在常规科学时期,不仅有专注于狭窄领域常规研究的科学家,也有一些从事着常规研究但又关注着科学基础、科学思想以及科学划时代变化的科学家。随着科学发展中发现的新现象,这些科学家的头脑里自然而然地就会浮现历史上相应的划时代成就。他们会对科学元典中的相应思想,重新加以诠释,以期从中得出对新现象的说明,并有可能产生新的理念。百余年来,达尔文在《物种起源》中提出的思想,被不同的人解读出不同的信息。古脊椎动物学、古人类学、进化生物学、遗传学、动物行为学、社会生物学等领域的几乎所有重大发现,都要拿出来与《物种起源》中的思想进行比较和说明。玻尔在揭示氢原子光谱的结构时,提出的原子结构就类似于哥白尼等人的太阳系模型。现代量子力学揭示的微观物质的波粒二象性,就是对光的波粒二象性的拓展,而爱因斯坦揭示的光的波粒二象性就是在光的波动说和粒子说的基础上,针对光电效应,提出的全新理论。而正是与光的波动说和粒子说二者的困难的比较,我们才可以看出光的波粒二象性说的意义。可以说,科学元典是时读时新的。

除了具体的科学思想之外,科学元典还以其方法学上的创造性而彪炳史册。这些方法学思想,永远值得后人学习和研究。当代研究人的创造性的诸多前沿领域,如认知心理学、科学哲学、人工智能、认知科学等,都涉及对科学大师的研究方法的研究。一些科学史学家以科学元典为基点,把触角延伸到科学家的信件、实验室记录、所属机构的档案等原始材料中去,揭示出许多新的历史现象。近二十多年兴起的机器发现,首先就是对科学史学家提供的材料,编制程序,在机器中重新做出历史上的伟大发现。借助于人工智能手段,人们已经在机器上重新发现了波义耳定律、开普勒行星运动第三定律,提出了燃素理论。萨伽德甚至用机器研究科学理论的竞争与接受,系统研究了拉瓦锡氧化理论、达尔文进化学说、魏格纳大陆漂移说、哥白尼日心说、牛顿力学、爱因斯坦相对论、量子论以及心理学中的行为主义和认知主义形成的革命过程和接受过程。

除了这些对于科学元典标识的重大科学成就中的创造力的研究之外，人们还曾经大规模地把这些成就的创造过程运用于基础教育之中。美国兴起的发现法教学，就是几十年前在这方面的尝试。近二十多年来，兴起了基础教育改革的全球浪潮，其目标就是提高学生的科学素养，改变片面灌输科学知识的状况。其中的一个重要举措，就是在教学中加强科学探究过程的理解和训练。因为，单就科学本身而言，它不仅外化为工艺、流程、技术及其产物等器物形态、直接表现为概念、定律和理论等知识形态，更深蕴于其特有的思想、观念和方法等精神形态之中。没有人怀疑，我们通过阅读今天的教科书就可以方便地学到科学元典著作中的科学知识，而且由于科学的进步，我们从现代教科书上所学的知识甚至比经典著作中的更完善。但是，教科书所提供的只是结晶状态的凝固知识，而科学本是历史的、创造的、流动的，在这历史、创造和流动过程之中，一些东西蒸发了，另一些东西积淀了，只有科学思想、科学观念和科学方法保持着永恒的活力。

然而，遗憾的是，我们的基础教育课本和不少科普读物中讲的许多科学史故事都是误讹相传的东西。比如，把血液循环的发现归于哈维，指责道尔顿提出二元化合物的元素原子数最简比是当时的错误，讲伽利略在比萨斜塔上做过落体实验，宣称牛顿提出了牛顿定律的诸数学表达式，等等。好像科学史就像网络上传播的八卦那样简单和耸人听闻。为避免这样的误讹，我们不妨读一读科学元典，看看历史上的伟人当时到底是如何思考的。

现在，我们的大学正处在席卷全球的通识教育浪潮之中。就我的理解，通识教育固然要对理工农医专业的学生开设一些人文社会科学的导论性课程，要对人文社会科学专业的学生开设一些理工农医的导论性课程，但是，我们也可以考虑适当跳出专与博、文与理的关系的思考路数，对所有专业的学生开设一些真正通而识之的综合性课程，或者倡导这样的阅读活动、讨论活动、交流活动甚至跨学科的研究活动，发掘文化遗产、分享古典智慧、继承高雅传统，把经典与前沿、传统与现代、创造与继承、现实与永恒等事关全民素质、民族命运和世界使命的问题联合起来进行思索。

我们面对不朽的理性群碑，也就是面对永恒的科学灵魂。在这些灵魂面前，我们不是要顶礼膜拜，而是要认真研习解读，读出历史的价值，读出时代的精神，把握科学的灵魂。我们要不断吸取深蕴其中的科学精神、科学思想和科学方法，并使之成为推动我们前进的伟大精神力量。

任定成

2005 年 8 月 6 日

北京大学承泽园迪吉轩

冯·诺伊曼（John von Neumann，1903—1957）

冯·诺伊曼，美籍匈牙利人，1903年12月28日出生于匈牙利布达佩斯。父亲马克斯（Max von Neumann，1870—1929），是一位富有的犹太银行家。在当时的匈牙利，犹太人是受歧视的，但大银行家却不一样，王公贵族也要拉拢他们。母亲 Kann Margit（Margaret Kann），很善良，贤慧温顺，受过良好教育。

→ 布达佩斯市。

← 布达佩斯市的冯·诺伊曼雕像。

冯·诺伊曼是马克斯3个儿子中的长子，弟弟是迈克尔（Michael von Neumann）和尼古拉斯（Nicholas von Neumann）。

父亲很早就注意到冯·诺伊曼智力不同寻常：他有惊人的记忆力、理解力、心算能力、语言能力以及创造才能，的确是一个全面的天才，小时被称为神童，许多"超人的"能力也一直保持到成年。

← 冯·诺伊曼从小就受到良好的教育，年仅6岁时就能用古希腊语同父亲闲谈，心算8位数的除法，一生掌握了七种语言。图为冯·诺伊曼儿时照片。

在同龄小孩刚学加减乘除的时候，冯·诺伊曼就已经掌握了微积分，到12岁，他已经能读懂法国大数学家波雷尔（E. Borel，1871—1956）的专著《函数论》了。

→ 波雷尔对20世纪函数理论发展有重要影响。

1914年，冯·诺伊曼入读一所路德教会中学。这所中学是当时布达佩斯最好的中学之一。在数学老师拉兹（Ladislas Ratz）的推荐下，父亲聘请数学家费凯特（M.Fekete，1886—1957）定期辅导冯·诺伊曼。

← 拉兹，天才的发现者。著名物理学家维格纳曾经说过："在路德教会中学有许多顶尖教师，但拉兹是我遇到的最伟大的数学老师……他善于发现优秀的学生，并善于引导他们，拉兹发现了冯·诺伊曼的天赋……我也是受惠者之一。"

1921年，冯·诺伊曼毕业于路德教会中学，同时获得厄特沃什（Eötvös）奖。在中学快毕业之前，费凯特和冯·诺伊曼合作发表论文，这成为冯·诺伊曼的第一篇论文，当时他还不到17岁。

↑→20世纪30年代的路德教会中学。

父亲知道冯·诺伊曼有志于数学，但出于经济原因而劝他放弃，作为父子妥协的结果，冯·诺伊曼答应到国外攻读化学。虽然当时匈牙利的布达佩斯大学欢迎他去攻读数学学位，但是从1921年之后，德国成为他成长的主要地方。

←20世纪40年代的柏林大学。

→哈伯（Fritz Haber 1868—1934），德国著名化学家，1918年由于合成氨而获诺贝尔奖。1921—1923年，冯·诺伊曼在柏林大学学习期间，曾得到他的悉心栽培。

1923—1925年，冯·诺伊曼主要在瑞士著名的联邦工学院（Federal Institute of Technology）上课。虽然他获得了联邦工学院化学工程文凭，但是大学期间他主要听数理方面的课程，并同各地数学家交往。图为瑞士联邦工学院校园。

1921—1925年，冯·诺伊曼在布达佩斯大学注册，但他从来没有在那听课，只是学期末参加考试。

大学期间，冯·诺伊曼常常利用空余时间研读数学、写文章、和数学家通信。他受到了希尔伯特的学生施密特（E. Schmidt，1876—1959）和外尔（H.Weyl，1885—1955）等的思想影响，开始研究数理逻辑。

← 外尔是希尔伯特的谱理论的继承人。施密特把希尔伯特的积分方程理论抽象化，后来成为希尔伯特空间概念的来源。

← 希尔伯特（David Hilbert，1862—1943），德国著名数学家。1900年8月8日，在巴黎第二届国际数学家代表大会上，他发表了《数学问题》的著名演讲，提出了20世纪数学家应当努力解决的23个数学问题，被认为是20世纪数学的制高点。希尔伯特领导的数学学派是19世纪末20世纪初数学界的一面旗帜，希尔伯特被称为"数学界的无冕之王"。

冯·诺伊曼还直接受到希尔伯特的巨大影响。大学时期，冯·诺伊曼有时到格丁根去拜访希尔伯特，这两位相差四十多岁的数学家，常常在希尔伯特的花园或书房里一起交谈。希尔伯特对数学及物理学的公理化思想，对数学基础以及对物理学的兴趣都大大影响了冯·诺伊曼。

← 布达佩斯大学校园一角。1926年春天，冯·诺伊曼取得布达佩斯大学数学博士学位，论文题目是《集合论的公理化》。

由于库朗（R.Courant，1888—1972）教授的推荐，1926年秋，冯·诺伊曼到格丁根大学任希尔伯特的助手。当时正是量子力学光辉的开创时期，而格丁根是量子力学的中心之一。希尔伯特请冯·诺伊曼同他一起搞元数学纲领（即希尔伯特计划），但冯·诺伊曼没有局限于单方面的问题。

↑ 格丁根大学数学系。1895—1930年希尔伯特在此工作。

→ 柏林大学校门口。

1927—1929年，冯·诺伊曼任柏林大学无薪讲师，这两年是他数学研究获得大丰收的时期，期间他发表了集合论、代数和量子理论方面的文章。那时他在数学界已经很有名气。

1929年冯·诺伊曼到成立不久的汉堡大学当讲师。当时德国的大学教授职位数额有限，三五年内，空缺的教授职位只有三四个，而竞争递补的讲师有60多人。虽说冯·诺伊曼在当时的工作足以使他出人头地，可是无论如何破格，25岁左右就当正教授也不太可能。1929年年底席卷全球的经济大萧条更增加了未来职位的不安定感。德国更是前景不妙。

↑ 图为1938年11月9日至10日"水晶之夜"爆发后被砸的犹太人商店。"水晶之夜"因砸烂的无数玻璃而得名。在疯狂的暴乱中无数犹太人的基业被毁，他们因而失去了生存的根基。

因外尔不肯放弃德国格丁根大学的职位而拒绝到美国的大学任职，当时美国负责聘请数学学者的维布仑（Oswald Veblen，1880—1960）多少有些遗憾，于是，退而求其次，1929年10月向冯·诺伊曼发了聘书，同时也邀请了维格纳。从此，冯·诺伊曼同美国结下了不解之缘。

1930年，冯·诺伊曼任美国普林斯顿大学客座教授。同年同玛丽埃特·科维奇（Marietta Kovesi 1909— ）结婚。玛丽埃特家的夏季别墅与诺伊曼的比邻而居，她被诺伊曼的博学所折服，答应了诺伊曼的求婚。

↑ 图为坐在高等研究院教室的维布仑。

从现在看来，冯·诺伊曼比他所有同辈人都更为走运，他总是在最适当的时候在最适当的地方干最适当的工作：20世纪20年代他在世界的数学及物理学中心——德国，而30年代在这个中心行将瓦解时，他不仅及时逃脱了即将毁灭的德国科学圣地，同时到了新的中心——美国的普林斯顿发挥其所长。更为重要的是他的伯乐维布仑，在关键时刻给他提供了一个机会。图为普林斯顿大学校园。

1931年，冯·诺伊曼成为美国普林斯顿大学的第一批终身教授。1933年转到该校的高等研究院，当时高等研究院聘有6名终身教授，其中还有爱因斯坦、维布仑、亚历山大（James Alexander，1888—1971）、莫尔斯（M.Morse 1892—1977）、外尔，年仅30岁的冯·诺伊曼是其中最年轻的一位。同年，他解决了希尔伯特第五问题。

← 普林斯顿大学高等研究院，当时冯·诺伊曼和爱因斯坦等的办公室就在这个大楼里。

1935年，诺伊曼与玛丽埃特唯一的女儿玛琳娜（Marina von Neumann Whitman）出生在普林斯顿。她继承了父亲的基因，30多岁成了原总统尼克松的经济顾问（首位女顾问），还当过通用汽车公司的总裁。

↑ 冯·诺伊曼与11岁的女儿玛琳娜。

↑ 冯·诺伊曼与妻子克拉拉·丹在家中的沙发上。

1937年冯·诺伊曼与妻子离婚。1938年又与克拉拉·丹（Klara Dan，—1963）结婚，并一起回普林斯顿。克拉拉随冯·诺伊曼学数学，后来成为优秀的程序编制家。

目　录

导　读

胡作玄

（中国科学院数学与系统科学研究院研究员）

· *Introduction to Chinese Version* ·

　　冯·诺伊曼的一生是天才的一生，其前半生的贡献主要是数学，第二次世界大战爆发后，他参与了原子弹的研制以及电子计算机的研发，而电子计算机直接影响了当代社会的发展。冯·诺伊曼无疑是信息时代的英雄。

　　《计算机与人脑》是在冯·诺伊曼去世后于 1958 年出版的。这本来是他为耶鲁大学西利曼讲座（Silliman Lectures）准备的讲稿，讲演原定在 1956 年春天举行，但由于冯·诺伊曼在 1955 年 10 月被查出患有癌症，未能去讲演，讲稿也没有写完。但单就现存的这两部分，已经可以看出冯·诺伊曼对这个问题的关注以及他的一些想法。

　　其实，冯·诺伊曼考虑的问题可以追溯到很久以前，其中涉及许多至今未能很好解决的基本问题：

　　——大脑是如何工作的？

　　——机器能否思维？

　　在计算机已经空前普及的今天，把电子计算机（常常形象地译成电脑）与人脑进行比较也更是十分自然的事：

　　——机器能思考吗？也就是它是否自动产生思想？

　　——是否有朝一日，机器的智能会超过人类？

这里面当然还牵涉到更深入的问题，例如，人类大脑能否进化？人脑与电脑能否耦合，使人脑更聪明，等等。

　　冯·诺伊曼在考虑这些问题时，并没有把自己局限于大脑乃至神经系统之中，他考虑问题的范围还包括"什么是生命""生命的本质是什么""生命是如何运作的""能否用机器模拟生命"等问题。他的一些研究成果可散见于他的著作手稿和信件之中。

◀ 1992 年匈牙利发行的第一张纪念冯·诺伊曼的邮票。

一　主要思想

冯·诺伊曼的《计算机与人脑》篇幅不大,但思想丰富,对后来的理论与实践产生了不可忽视的影响。

1. 给研究像生物体以及神经网络这种复杂的对象提供了一种全新的研究方法。

冯·诺伊曼在引言中明确地提出"本书是从数学家的角度去理解神经系统的一个探讨"。我们必须看到,这种探讨方法与传统方法根本不同。在物理学中,我们十分熟悉的方法是对所研究的物理系统,建立一个理想化的模型,这个模型在可处理的情况下,可以得出各种物理量之间的关系,这些关系通常用微分方程来表示。这样最后所需要的结果都可以通过求解这些方程得到。要知道,这种方法获得了空前的成功。牛顿力学、麦克斯韦电磁理论乃至爱因斯坦的相对论与量子物理学都是这样。从理论的角度来看,问题到此已大功告成,剩下的是数学家的事了。然而,数学家也不能解决所有的方程,特别是非线性方程,例如冯·诺伊曼多次提到的流体力学方程。而务实的科学家还是需要得到具体的结果,他们对于满足于抽象化的专门数学家不以为然。1940年,著名空气动力学家冯·卡门(Theodore von Karman, 1881—1963)写了一篇长文,题目是《科学家同非线性问题奋力拼博》。冯·诺伊曼是务实的数学家,他给出了解决问题的新方向——计算机。另一方面,一些像冯·诺伊曼那样既能搞理论,又能搞应用和计算的数学家(如拉克斯,Lax Peter,1926—　)也解决了一系列非线性问题,第一个得到解决的是浅水波方程(即 KdV 方程)。

对于复杂的现象,例如生物学中的问题,也有人用物理学的方式去研究,的确也产生了少量的微分方程。但是,这些模型不是过于简单,就是无法求解。而且这种严格的、精确的数学不大适合研究不那么精确的生命现象。这样,冯·诺伊曼采用模拟的方法用已经大量存在的计算机及数学模型来应对这种复杂的生命现象,看看是否合适。如果合适,由于对计算机以及数学模型的了解,自然就对要研究的生命现象有所认知了。

从复杂的神经系统看来,我们造出的数字计算机和模拟计算机显得十分简单。这样我们只需比较简单的电脑以及复杂的人脑就可以对人脑有着初步的了解了。

这样,冯·诺伊曼从最简单的电脑开始了研究。当然,现在电脑的复杂性大大增加,不过基本的思想还离不开冯·诺伊曼提出的一些理念。

2. 模拟方法与数字方法。

冯·诺伊曼在书中多次提到模拟与数字这两种不同的方式。他指出,"现有的计算机,可以分成两大类:'模拟'计算机和'数字'计算机。这种分类是根据计算机进行运算中表示数目的方法而决定的"。除了数目显示之外,还有指令、存储以及各种控制方式。

冯·诺伊曼之所以强调数字和模拟的区别,主要在于他提出了混合计算机模型,即混合数字同模拟两种原则的计算机,而这正好是神经网络的特点。正是因为神经网络具有混合计算机的特征,单独用数字计算机的模型,如麦卡洛克-皮茨模型就显示出其不足之处。换句话说,神经系统没那么精确,而混合计算机也没那么精确。因此,冯·诺伊曼自然谈到误差问题,也就是精确度问题。他对当时模拟计算机和数字计算机的描述已是五十多年前的事了,不过,他用的词汇并不过时。现在的人对此应该是耳熟能详的。

3. 大脑的混合结构。

《计算机与人脑》第二部分是人脑。人脑是经过上亿年进化所形成的最复杂的自然结构。20 世纪 50 年代,对于人脑的结构与功能的了解已有长足的进步,但其中许多奥秘远未为人所知。有着关于计算机的知识,冯·诺伊曼对电脑与人脑以及与人脑的相同与不同之处进行了深入比较。他已经明确注意到计算机与神经网络的相似之处在于,它们具有混合计算机即兼有数字计算机和模拟计算机的特点。显然,这是一种大大的简化,可是即便是这种简化也对神经系统的复杂性有不少启发性的认识。冯·诺伊曼很明确它们之间的差别,他也经常强调其中的重要差别。

首先,他从表面的一些数据进行比较,神经元的数据差别不大,但计算机人造元件现在比 50 年前差别巨大。不过,他得出的结论仍有参考价值。

按照大小,天然元件比人造元件远为优越,当时的比例系数是 $10^8 \sim 10^9$,体积比较与能量消耗比较,这个系数大体也是如此。

按照运行速度,人造元件比天然元件要快,当时的系数是快 $10^4 \sim 10^5$ 倍。

两相比较,神经系统比计算机的优越之处在于天然元件数量大却运行缓慢,而人工元件虽然运行快,但数量较少。这只是表面上的原因。冯·诺伊曼指出,天然系统的优越性主要是源于天然系统组织的高度的并行性。而当时的有效计算机,基本上都是串行的。

在这里,他提出了"逻辑深度"的概念,也就是为了完成问题的求解过程所需进行的初等运算的数目。天然的人脑并行处理所需逻辑深度要比他当时估计的计算机的逻辑深度(约 10^7 或更大)小得多。

现在的计算机结构体系都是冯·诺伊曼制定的。其中一个最主要部分是存储器,这相当于神经系统的记忆。他明确地指出:"我们在人造计算自动机方面的所有经验,都提出了和证实了这个推测。"这也表明冯·诺伊曼方法的优越性。根据这个假定,他估计出了神经系统的记忆容量。他估计的结果为人的一生所需的记忆容量为 2.8×10^{20} 位,远远超过当时计算机的容量 10^5 位到 10^6 位。长期以来,他对基因的信息理论很感兴趣,但我们还没有充分资料来证明他的见解。书中讲道:"基因本身,很显然地是数字系统元件的一部分。但是,基因可发生的各个效应……却是属于模拟领域的。这就是模拟和数字过程相互变化的一个特别显著的例子。"单就基因研究来看,这句话真是惊人的准确,然而,就基因与神经系统关系来讲,这些想法当然太过简单了。

4. 大脑的信息加工。

《计算机与人脑》最后四章十分简短,但包含了丰富的思想。大脑的基本功能就是信息处理或信息加工,计算机当然也是。从信息论的角度来看,处理信息的基本问题就是编码,计算机的编码问题不在话下,神经系统当然远为复杂,更不用说如何理解语言及用语言进行思考了。冯·诺伊曼关注的基因密码问题可以说原则上已得到解决,而大脑的编码问题当然远为复杂。冯·诺伊曼为解决这个问题提出了把代码区分为完全码及短码的概念。完全码像计算机的代码那样,由一套指令构成,控制计算机去按规则解决问题。除此之外,他提出短码的概念,其目的是使一台机器可以模仿任何其他一台机器的行为。实际上可以把短码看成一种翻译码,它把其他机器的语言翻译为自己的语言,这样就可以在自己机器上实现其他机器的指令,完成必要的工作。

冯·诺伊曼提出另外一个概念是算术深度。算术运算一般是串行运算,算术深度即这种基本运算的长度。数字计算机计算一般是准确的,然而,神经系统的模拟性质造成了误差,而且随着计算步骤进行,误差会积累和放大。冯·诺伊曼认为神经系统中所使用的记数系统并不是数字的,而是统计的。它使用另一种记数系统,消息的意义由消息的统计性质来传达,这样,虽然算术的准确性较低,却可以通过统计方法提高逻辑的可靠程度。他还进一步设想,是否还有其他的统计性质也可以作为传送信息的工具?

这样,他最后得出结论:人脑的语言不是数学的语言。"神经系统基于两种类型通信方式:一种不包含算术形式体系,一种是算术形式体系。也就是说,一种是指令的通信(逻辑的通信),一种是数字的通信(算术的通信)。前者可以用语言叙述,而后者则是数学的叙述。"

这样,他得出更为深远的哲学结论:

① "语言在很大程度上只是历史的事件。"

② "逻辑与数学也同样是历史的、偶然的表达形式。"注意,他先说这是合理假定,现在又强调是表达形式。

③ "中央神经系统中的逻辑和数学,当我们把它作为语言来看时,它一定在结构上和我们日常经验中的语言有着本质的不同。"

④ "这里所说的神经系统的语言,可能相当于我们前面讲过的短码,而不是相当于完全码。"

二 思想来源

冯·诺伊曼对电脑与人脑的比较的思想背景,概括起来,可以归结为下面三个来源:

1. 数学来源。冯·诺伊曼归根结底是大数学家，他不到20 岁已经受到希尔伯特的公理化思想以及元数学或数理逻辑的思想影响。他十分明确地意识到数学中离散与连续的对立。他对新兴数学中结构观念的理解，特别是他对量子力学公理化及数学化的成功经验，都推动他对于更复杂的问题——特别是涉及生物学问题——使用数学方法。然而，数学对于大多数人来说，甚至对隔行的数学家来说，都是令人不快又不解的理论，即使到现在，这种状况也没有得到多少改变。冯·诺伊曼在有些场合回答别人的提问时，许多是涉及提问者不能理解数学的本质及数学的思维方式。尽管如此，由另一位大数学家维纳和冯·诺伊曼开创的广义的控制论运动，即包括冯·诺伊曼的电子计算机的大量工作，还是实实在在地改变了整个社会，尽管还没那么深刻地改变人们的思维方式。

2. 1943 年开展的控制论运动。控制论的建立以维纳在1948 年出版的《控制论》为标志，但是带有宣言性质的两篇论文都是在 1943 年发表的。一篇是麦卡洛克（McCullock Warren，1898—1969）和皮茨（Pitts Walter，1923—1969）发表的《神经系统中普遍存在的原理的逻辑演算》，另一篇是维纳与罗森布吕特（Rosenblueth Arturo，1900—1970）和毕格罗（Bigelow Julian，1902— ）合著的《行为、目的和目的论》。

前一篇论文可以看成冯·诺伊曼工作的前奏之一。这篇论文实际上给神经系统，即由神经元组成的网络一个简化的模型。后来，冯·诺伊曼称为形式神经网络。在对神经网络做出一些假设，例如神经元活动满足"全或无"原则，神经系统的功能就可以用命题逻辑来研究。他们证明，任何神经网络的行为都能用逻辑来描述。复杂的神经网络可用复杂的逻辑来描述。反过来，对应于满足某些条件的逻辑表达式,也可以找到对应的神经网络来实现相应的行为。这样,他们就把神经功能十分严格地、从逻辑上不含混地加以定义,这是一个伟大的进步,但终究无法解释复杂的神经网络的活动。正是这些不足之处引导冯·诺伊曼从反方向来研究。

3. 冯·诺伊曼对电子计算机的开发与应用。虽然有人不能完全同意冯·诺伊曼是"电子计算机之父",但他确实是对电子计算机的开发及使用作出最重要贡献的人物。众所周知,人类很早就有制造计算机的需要以及各种设想,而且在专用机及模拟机方面也取得了一些进展。冯·诺伊曼比同时代几乎所有人都眼界更宽、看得更远。虽说英国科学家图灵(Turing Alan,1912—1954)建立了通用计算机的数学模型,但在 1936 年,这是数理逻辑的理论上的成就,而不是能够实用的技术成就。现在大家都能看到的,则是由冯·诺伊曼首次设计程序内存的通用数字计算机。

冯·诺伊曼看得更远,他从一开始就十分关注计算机本身的发展及各方面的应用。即便从计算机的原始需求——武器设计来看,提高速度也极为重要。由于当时技术条件限制(后来不断明显改进),他必须考虑通过其他途径加速提高计算的功效,一方面是设计优良的、面向计算机的算法,例如乌拉姆(S. M. Ulam,1909—1984)与他一起发展起来的蒙特卡罗法;另一方面进行数值分析,克服误差传播与放大。

三 自动机理论

本书以极少的篇幅比较电脑与人脑,但这只是他的庞大纲领的一部分。虽然他因病没有完成整个课题,不过,他以前的研究加上本书已经形成计算机科学的一个核心领域——自动机理论。不仅如此，他关注的问题还涉及生命科学的基本问题以及后来所说的人工智能及人工生命的问题，这些也都是现在十分热门的课题。

冯·诺伊曼是自动机理论的创立者。从计算机与神经系统通过数学抽象就产生出有限计算机的数学模型。而数学模型给了科学家极大的自由度去修改、扩充已知的自动机，例如计算机。冯·诺伊曼作为大数学家深知这种方法的威力，他早在 1948 年 9 月在希克松（Hixon）会议上，作了题为《自动机的一般逻辑理论》的报告。他的关注点是一般生物体，并试图给出一般逻辑理论。其中特别指出，自动机的逻辑与一般形式逻辑不同之处主要有二：

第一，推理链即运算链的实际长度。

第二，逻辑运算在整个过程中容许存在一些例外，这些失误的概率可以很小但不是零。

由此也产生误差问题及数字化问题，另外他还涉及更重要的问题，复杂性概念与图灵机理论。后者是无限自动机理论的模型。

冯·诺伊曼明确指出，自动机理论是一个处在逻辑、通信理论及生理学中间地带的一门学科。"更确切地讲，它兼具逻辑数学、计算机科学、生命科学的共同特征，涉及广阔的领域而且有着极其重要的应用。冯·诺伊曼不仅给这门学科奠定理论基础，而且还开拓了一些新的分支。其中最主要的是概率自动机理论与细胞自动机理论。

概率自动机是内部或环境都存在随机因素的自动机。它与通常的计算机有着明显差别：通常计算机的元件十分可靠，程序的指令十分可靠，元件的连接方式确定，只有这样，我们才能得出准确的结果。因为其中的某一个小的差错，就会造成完全错误的结果。然而自然的机器与某些人工设备难以满足这种要求。当时知道的最典型的机器一是大脑,二是通信的信道。大脑的神经元并不可靠,因为它们经常处于损伤、疾病之中甚至遇到事故,然而从整体上讲,大脑的某些功能并没有受到影响。通信的信道也是如此,尽管有误差,但我们仍能够获得可靠的消息。这些都推动冯·诺伊曼得出概率自动机的初始概念。他考虑的问题是如何应用不可靠原件构成可靠的计算机。其目标是让误差的概率尽可能的小。

冯·诺伊曼通过两种方法解决这个问题。一种是比较法,即从三个不可靠子网络出发,加上一些比较装置,不断构成一个更大、更可靠的子网络能实现同样的功能。对某个具有可靠元件的自动机的网络,系统地施行下去,即可以实现用不可靠元件的可靠机器。第二个方法是多重输出法,即把二元输出的一线变成一丛线,可以构造一个输入线丛对应输出线丛的子网络,通过冗余,它可以大大降低误差的概率。冯·诺伊曼认为这可能也是人脑可靠性的基础。

冯·诺伊曼更重要的贡献在于创立细胞自动机理论。这个理论的出发点完全是从生物学出发的,它具有一般机器完全不同的特点,即自繁殖性。冯·诺伊曼的细胞自动机与原来自动机不同之处主要是:细胞自动机的"元件"是小的自动机,运算是并行运算,他提出细胞自动机论最基本的概念称为细胞空间——它已引出许多研究方向。冯·诺伊曼最原始的细胞空间就像棋盘,每个格子点处有个细胞。它的细胞都是相同的,具有 29 个状态的确定的有限自动机。细胞自动机整体构形由每个小自动机的前一时刻状态决定。初始构形以自动的方式决定下一时刻的构形,而自动机论则探讨所有可能构形的结构、功能及其关系。所有

后来的细胞自动机都是在这种基础上发展起来的。例如
1968 年扩展出的 L 系统就可以描述多细胞的发育过程。
即便是最简单的冯·诺伊曼细胞空间,也在设计并行计算
机以及大规模集成电路方面有重要应用。这些都足以显示
冯·诺伊曼思想的深刻性与前瞻性。

纪念冯·诺伊曼和图灵的邮票。

引　言

· *Introduction* ·

　　由于我既不是一个神经学专家，又不是精神病学家，而是一个数学家，所以，对这本书需要作若干解释与申明。本书是从数学家的观点去理解神经系统的一个探讨。然而，这个陈述中的各个要点，都必须立即予以界说。

　　首先，我说这是企图对理解神经系统所作的探讨，这句话还是夸张了。这只不过是多少系统化了的一组推测，预测应该进行怎样的探索。这就是说，我企图揣测：在所有以数学为引导的各研究途径中，从朦胧不清的距离看来，哪些途径是先验地最有希望的，哪些途径的情况似乎正相反。我将同时为这些预测提供某些合理化的意见。

　　其次，对于"数学家的观点"这个词，我希望读者作这样的理解：它的着重点和一般的说法不同，它并不着重一般的数学技巧,而是着重逻辑学与统计学的前景。而且,逻辑学与统计学应该主要地(虽然并不排除其他方面)被看做是"信息理论"的基本工具。同时,围绕着对复杂的逻辑自动机和数学自动机所进行的设计、求值与编码工作,已经积累起一批经验,这将是信息理论的大多数的注意焦点。其中,最有典型意义的自动机(但不是唯一的),当然就是大型的电子计算机了。

应该顺便指出,如果有人能够讲出关于这种自动机的"理论",那我就非常满意了。遗憾的是,直到目前为止,我们所据有的——我必须这样呼吁——,仍然只能说是还不完全清楚的、难于条理化的那样"一批经验"。

最后,应当说,我的主要目的,实际上是要揭示出事情的颇为不同的一个方面。我希望,对神经系统所作的更深入的数学的研讨(这里所说的"数学的"之含义,在上文已经讲过),将会影响我们对数学自身各个方面的理解。事实上,它将会改变我们对数学和逻辑学的固有看法。这个信念的理由何在,我将在后文加以解说。

第一部分

计 算 机

· Part 1 The Computer ·

　　计算机发展到今天，无疑是物理学（电子学）与数学相结合的产物，然而计算机的研发及使用主要靠数学。数学是计算机得以广泛应用的幕后英雄。而这正是冯·诺伊曼的中心思想。冯·诺伊曼不仅主导计算机的设计，而且使其在各个领域有着更广泛的应用。

我从讨论计算机系统的基础原理以及计算机的实践开始。

现有的计算机，可以分为两大类："模拟"计算机和"数字"计算机。这种分类，是根据计算机进行运算中表示数目的方法而决定的。

第一章　模　拟　方　法

在模拟计算机中，每一个数，都用一个适当的物理量来表示。这个物理量的数值，以预定的量度单位来表示，等于问题中的数。这个物理量，可以是某一圆盘的旋转角度，也可能是某一电流的强度，或者是某一电压（相对的电压）之大小，等等。要使计算机能够进行计算，也就是说，能按照一个预先规定的计划对这些数进行运算，就必须使计算机的器官（或元件），能够对这些表示数值进行数学上的基本运算。

常用的基本运算

常用的基本运算，通常是理解为"算术四则"的运算，即：加$(x+y)$、减$(x-y)$、乘(xy)、除(x/y)。

◀2005 年 5 月 25 日，美国发行邮票纪念美国四个科学家，其中有冯·诺伊曼。图为冯·诺伊曼女儿玛琳娜在邮票发行会上讲话。

很明显,两个电流的相加或相减,是没有什么困难的(两个电流并联起来,就是相加;相反的并联方向,就是相减)。两个电流的相乘,就比较困难一点,但已有许多种电气器件能够进行相乘的运算;两个电流的相除,情况也是如此(对于乘和除来说,所量度的电流的单位当然应该是相关的,而对加和减来说,则不一定要这样)。

不常用的基本运算

一些模拟计算机的一个相当值得注意的特性,就是它进行不常用的运算。这是我在后面要进一步叙述的。这些模拟计算机,有时是按照算术四则以外的"基本"运算方法来建造的。经典式的"微分分析机"就是这一类,在那里,数值由某些圆盘的旋转角度来表示。它的过程如下:它不用加($x+y$)与减($x-y$)来运算,而是用($x \pm y$)/2来运算,因为用一种现成的简单元件——差动齿轮(像汽车上后轴所用的齿轮),就可以进行这种运算。它也不用乘法(xy),而是采取另一种完全不同的方法:在微分分析机中,所有的数量都表现为时间的函数,而微分分析机用一种叫做"积分器"的元件,能够把两个数量 $x(t),y(t)$,形成("斯蒂杰斯")积分 $z(t) \equiv \int^t x(t)\mathrm{d}y(t)$ [①]。

这个体系包括三个要点:

第一,上述三种基本运算,经过适当的组合,可以产生四种常用的算术基本运算中的三种,即加、减、乘。

---

① 这个积分式,是由数学家 Thomas Jean Stieltjes(1856—1896)提出的,故名斯蒂杰斯积分。——译注

第二，上述基本运算，和一定的"反馈"方法结合起来，就能产生第四种运算——除法。在这里，我不讨论反馈的原理。这里只是说明，反馈除了表现为解出数学上蕴涵关系的一种工具外，它实际上还是一种特别巧妙的短路迭代与逐次逼近的线路。

第三，微分分析机的一个真正得到支持的根据是：它的基本运算——$(x \pm y)/2$ 和积分，对于许多类问题来说，比算术四则运算$(x + y, x - y, xy, x/y)$要更经济一些。更具体地说，任何计算机，要它解出一个复杂的数学问题时，必须先对这个问题作出"程序"。就是说，为解出这个问题而进行的复杂运算，必须用计算机的各个基本运算的组合来表示。这个程序，严格地说，往往只是这些组合的近似（近似到我们预定的任何程度）。对于某一类给定问题来说，如果一组基本运算和另一组基本运算相比，能够使用较简单、较少的组合就能解出问题，那么，我们说这一组基本运算更有效。所以，专门对全微分方程的系统来说（微分分析机本来就是为解全微分方程而设计的），微分分析机的这几种基本运算，就比前面所讲的算术基本运算$(x + y, x - y, xy, x/y)$更有效一些。

下面，我要讲数字计算机。

第二章　数字方法

在一个十进制数字计算机中,每一个数都是用通常书写或印刷一样的方法来表示的,即用一序列的十进制数字来表示。而这每一个十进制的数字,又用一组"符号"系统来表示。

符号,它们的组合与体现

一个符号,可以用十个不同的形式表现,以满足表示一组十进制数字的需要。要使一个符号,只以两种不同形式表示,则只在每一个十进制数字相对应于整个符号组时才能使用(一组 3 个的两值符号,可构成 8 个组合,这还不够表示 10 个十进制数字之用;一组 4 个的两值符号,则可以有 16 个组合,这就够用而有余了。所以,十进制数字,必须用至少 4 个一组的两值符号来表示。这就是使用比较大的符号组的理由,见下述)。十值符号的一个例子就是在十根预定的导线上各自出现一个电脉冲。两值符号是在一根预定的导线上出现一个电脉冲,于是,脉冲的存在或不存在就传送了信息(这就是符号的"值")。另一种可能的两值符号,是具有正极性和负极性的电脉冲。当然,还有许多种同样有效的符号体系。

我们将进一步观察这些符号。上述十值符号,显然是一组 10 个的两值符号。我们已经说过,这组符号是高度过剩了。最小的组,包括 4 个两值符号的,也是可以用在同一体系中的。请考虑一个四根预定的导线的系统,在它们之间,能够发生任何组合的、同时出现的电脉冲。这样,它可以有 16 种组合,我们可以把其中的任何 10 种组合规定为十进制 10 个数字的相应代表。

应当注意,这些符号通常都是电脉冲(或可能是电压或电流,持续到它们的标示生效为止),它们必须由电闸装置来控制。

数字计算机的类型及其基本元件

到目前为止的发展中,电磁机械的继电器、真空管、晶体二极管、铁磁芯、晶体管已经被成功地应用了;有时是相互结合起来应用,比如在计算机的存储器官(见后面的叙述)中用这一种元件,而在存储器官之外(在"作用"器官中)则用另一种,这样,就使计算机产生了许多不同的种类。[1]

并行和串行线路

现在,计算机中的一个数是用一序列的十值符号(或符号组)来表示的。这些符号,可以安排在机器的各个器官中同时出现,这就是**并行**。或者是把它们安排在机器

---

① 在这节中,冯·诺伊曼使用了"organ"(器官)这个词,在计算机中,这本来可以译为机构或部件。但是因为他往往把它和人的器官相比拟,因此还是直接译作器官。——译注

的一个器官中,在连续的瞬间依次出现,这就是**串行**。比如,机器是为处理 12 位十进制数字而建造的,在小数点"左边"有 6 位,小数点"右边"也有 6 位,那么,12 个这样的符号(或符号组)都应在机器的每一信息通道中准备好,这些通道是为通过数字而预备的(这个方案,在各种机器中,可以采取各种不同的方法和程度,从而得到更大的灵活性。在几乎所有的计算机中,小数点的位置都是可以调整移动的。但是,我们在这里不打算进一步讨论这个问题)。

常用的基本运算

数字计算机的运算,常常以算术四则为基础。关于这些人们已经熟知的过程,还应该讲以下的几点:

第一,关于加法:在模拟计算机中,加法的过程要通过物理过程作为媒介来进行(见上文所述)。和模拟计算机不同,数字计算机的加法运算,是受严格而具有逻辑特性的规则所控制的,比如,怎样形成数字的和,什么时候应该进位,如何重复和结合这些运算步骤,等等。数字和的逻辑特性,在二进制系统中显得更加清楚(与十进制比较而言)。二进制的加法表($0+0=00$,$0+1=1+0=01$,$1+1=10$),可表述如下:如果两个相加的数字不同,其和数字为 1;如果两个相加数字相同,其和数字为 0,而且,如两个相加数字都是 1 时,其进位数字为 1,如两个相加数字都是 0 时,其进位数字为 0。因为会出现进位数字,所以实际上需要 3 项的二进制加法表,即($0+0+0=00$,$0+0+1=0+1+0=1+0+0=01$,$0+1+1=1+0$

＋1＝1＋1＋0＝10,1＋1＋1＝11）。这个加法表,可以表述为:如果在相加的数字中(包括进位数),1 的数目是奇数(即 1 个或 3 个),则和数字为 1;如果 1 的数目不是奇数,则和数字为 0。如果在相加数字中(包括进位数),1 的数目是多数(2 个或 3 个),则进位数字是 1;如果 1 的数目不是多数(而是 1 个),则进位数字是 0。[①]

第二,关于减法:减法的逻辑构造,和加法非常相似。减法可以(而且是通常地)简化成为加法,运用一种简单的手段——补数法,就可以做到这一点。

第三,关于乘法:乘法的基本逻辑特性,甚至比加法还要明显,其结构性质也比加法明显。在十进制中,乘数的每一个数字,与被乘数相乘,而得出乘积(这个相乘的过程,通常可用各种的相加方法,这对所有的十进制数字都是可以进行的)。然后,把上述各个乘积加在一起(还要有适当的移位)。在二进制中,乘法的逻辑特性更显明易见。二进制只可能有两个不同的数字——0 与 1,因此,只有乘数和被乘数都是 1 时,乘积才是 1,否则乘积就是 0。

以上的全部陈述,都是指正数的乘积而言。当乘数和被乘数有正、负符号时,则产生了 4 种可能的情况。这时,就需要有更多的逻辑规则来支配这 4 种情况。

第四,关于除法:除法的逻辑结构与乘法是可比较的,但除法还须加入各种重复的、试错法的减法过程。在各种可能发生的变换情况中,为了得出商数,需要一些特别的逻辑规则,从而必须用一种串行的、重复的方法来处

---

① 这一段文字请读者注意。例如,二进制加法 1＋1＋0＝10,我们过去一般习惯是说:1＋1＋0 之和为 10。在这段文字中,冯·诺伊曼的表述为:1＋1＋0,其和数字(sum digit)为 0,进位数字(carry digit)为 1。——译注

理这个问题。

总起来说,上述加、减、乘、除的运算,和模拟计算机中所运用的物理过程,有着根本的区别。它们都是交变作用的模式,组织在高度重复的序列中,并受严格的逻辑规则所支配。特别是对乘法和除法来说,这些规则具有十分复杂的逻辑特性(这些运算的逻辑特性,由于我们长期地、几乎是本能地对它们熟习了,因而往往不易看出,可是,如果你强迫自己去充分表述这些运算,它们的复杂程度就会显现出来了)。

第三章 逻辑控制

除了进行基本运算的能力外，一个计算机必须能够按照一定的序列（或者不如说是按照逻辑模式）来进行运算，以便取得数学问题的解答，这和我们进行笔算的实际目的相同。在传统的模拟计算机中（最典型的是"微分分析机"），计算的"序列"是这样完成的：它必须具有足够的器官来完成计算所要求的各个基本运算，也就是说，必须具有足够的"差动齿轮"和"积分器"，以便完成这两种基本运算——$(x \pm y)/2$ 和 $\int^t x(t)\mathrm{d}y(t)$（参阅上文）。这些圆盘，即计算机的"输入"与"输出"的圆盘，必须互相连接起来（或者，更确切地说，它们的轴必须连接起来），（在早期的模型中，用嵌齿齿轮连接，后来则用电从动装置——自动同步机），以便模拟所需的计算。应该指出，连接的方式是可以按照需要而组装起来的，即随需要解算的问题而定，使用者的意图可以贯彻在机器设计里面。这种"连接"，在早期的机器中用机械的方法（如前述的嵌齿齿轮），后来则用插接的方法（如前述的电连接）。但不管如何，在解题的整个过程中，任何这些形式的连接，都是一种固定的装置。

插入式控制

在一些最新的模拟机中，采用了进一步的办法。它们使用电的"插件的"连接。这些插入式连接实际上被电磁机械继电器所控制;电磁铁使继电器通路或断路,因而产生电的激励,使连接发生变换。这些电激励可以由穿孔纸带所控制;在计算中,在适当瞬间发出的电信号,可以使纸带移动和停止(再移动,再停止……)。

逻辑带的控制

刚才我们所说的控制,就是指计算机中一定的数字器官达到某一预定条件的情况,比如,某一个数开始变为负号,或者是某一个数被另一个数所超过,等等。应当注意,如果数是用旋转圆盘来表示,它是正号或负号,就从圆盘通过零点向左还是向右转动来判定;一个数被另一数超过,则可以从它们的差成为负数而察觉出来,等等。这样,"逻辑"带的控制(或者更恰当地说,一种"与逻辑带控制相结合的计算状态"),是在基本的"固定连接"控制的基础之上的。

数字计算机就是从这些不同的控制系统开始的。但是,在讨论这个问题之前,我还要先对数字计算机作出一般的评述,并评述它和模拟计算机的关系。

每一基本运算只需要一个器官的原理

在开始,必须强调,数字计算机中的每一基本运算,只需要一个器官。这和大多数的模拟机相反。大多数模拟计算机是每一基本运算需要有足够多的器官,需要多少要看待解算的问题的情况而定（前面已经讲过）。但是，应该指出，这只是一个历史的事实而不是模拟机的内在要求。模拟计算机（上面所讲过的电连接方式的模拟机），在原则上，也是能够做到每一基本运算只需要一个器官的，而且它也能够采用下文所讲到的任何数字型的逻辑控制（读者自己可以不很困难地证明，上面已经讲到的"最新"型的模拟机的控制，已经标志着向运算方式①的转变）。

应该进一步说明，某些数字计算机也会或多或少地脱离了"每一基本运算只需要一个器官"的原则，但是，再作一些比较简单的解释，这些偏离也还是可以被纳入这个正统的方案中的（在某些情况下，这只不过是用适当的相互通信的方法来处理双重机［或三重机］的问题而已）。在这里，我不准备进一步讨论这个问题了。

由此引起的特殊记忆器官的需要

"每一基本运算只需要一个器官"的原则，需要有较大数量的器官才能被动地存储许多数，这些数是计算过程的中间结果或部分结果。就是说，每一个这种器官，都必须能"存储"一个数（在去掉这器官中前已存储的一个数之后）。它从另外一个当时与它有连接的其他器官，把这个数接受过来；而且当它受到"询问"时，它还能够把这个数"复述"出来，送给另外一个此时与它连接的器官。上述的这种器官，叫做"存储寄存器"。这些器官的全体，叫做"记忆"。在一个记忆中存储寄存器的数量，就是这个记忆的

---

① 运算方式，原文是 modus operandi（拉丁文），原意为运算状态或运算方法，因而用此译名。——译注

"容量"。

我们现在能够进而讨论数字计算机的主要控制方式了。这个讨论，最好从描述两个基本类型入手，并且接着叙述把这些类型结合起来的若干明显的原则。

用"控制序列"点的控制

第一个已被广泛采用的基本控制方法，可以叙述如下（这里已经作了若干简化与理想化）：

计算机包括一定数量的逻辑控制器官，叫做"控制序列点"，它具有下面所讲的功能（这些控制序列点的数量相当可观，在某些较新型的计算机中，可以达到几百个）。

在采用这一种系统时，最简单的方式是：每一个控制序列点连接到一个基本运算器官上，这个运算器官受它所驱动。它还连接到若干存储寄存器上，这些寄存器供给运算的数字输入；同时，又接到另一寄存器上，这个寄存器接受它的输出。经过一定时间的延滞（延滞时间必须足以完成运算），或者在接收到一个"运算已完成"的信号之后，这个控制序列点就驱动下一个控制序列点，即它的"承接者"（如果运算时间是变量，它的最大值为不定值或者是不能允许地漫长的话，那么，这个过程当然就需要有与这个基本运算器官的另一个增添连接）。按照这样的连接，以相同的办法一直作用下去。一直到不需要再操作为止，这就构成了一个无条件的、不重复的计算方式。

如果某些控制序列点连接到两个"承接者"上面（这叫做"分支点"），那么，就可能产生两种状态——A 和 B，从而得到更错综复杂的方式。A 状态使过程沿第一个承接者的途径继续下去，B 状态则使过程沿第二个承接者的途径继续下去。这个控制序列点，在正常时，是处在 A 状态的，但由于它接到两个存储寄存器上面，其中的某些情况会使过程从 A 变为 B，或者反过来，从 B 变为 A。比如：如果在第一个存储寄存器中出现负号，那就使过程从 A 转变到 B；如果在第二个存储寄存器中出现负号，那就使过程从 B 转变到 A（注意：存储寄存器除了存储数字之外，它还存储数字的正号或负号，因为这是任一两值符号的前置符号）。现在，就出现了各种可能性：这两个承接者可表示计算的两个析取分支。走哪个分支，取决于适当地预定的数字判据（当"从 B 到 A"是用来恢复进行一项新演算的原始状态时，则控制"从 A 到 B"）。这两个待选择的分支也可能在后来重新统一起来，汇合到与下一个共同的承接者的连接上面。但是，还有一个可能性：两个分支之一，比如是被 A 所控制的那一个，实际上又引回到起初我们所说的那个控制序列点上（就是在这点上分为两分支的），在这种情况下，我们就遇到一个重复的过程。它一直迭代到发生一定的数字判据为止（这个判据就是从 A 转变到 B 的指令）。当然，这是一种基本的迭代过程。所有这些方法，都是可以互相结合和重叠的。

在这种情况下，正如已经讲过的模拟机的插入式控制一样，电连接的整体，是按照问题的结构而定的，即按照要解算的问题的算式而定，也就是依照使用者的目的而定。因此，这也是一种插入式的控制。在这种方式中，插接的模式可随解算问题的不同而变化，但是，在解算一个问题的全部过程中，插入方式是固定的（至少在最简单的装置中是如此）。

这个方法,可以从许多途径使它更精细起来。每一个控制序列点可以和好几个器官连接,可以激励起超过一次以上的运算。正如在上面讲过的模拟机的例子一样,这种插入连接实际上可以由电磁机械继电器去控制,而继电器又可通过纸带来控制,在计算中所产生的电信号,使纸带移动。我在这里,就不进一步叙述这种方式所可能产生的各个变化了。

记忆存储控制

第二种基本的控制方法,是记忆存储控制,它的进展很快,已经将要取代第一种方法了。这个方法可以叙述如下(这也还是作了若干简化了的)。

这种控制方式,在形式上和插入控制方法有若干相似之处。但是,控制序列点现在由"指令"所代替了。就体现在这种方式中的大多数情况来说,一个"指令",在物理意义上是和一个数相同的(指计算机所处理的数,参阅上文)。在一个十进制计算机中,它就是一序列十进制数字(在我们第二章中所举的例子里,它就是 12 个带有或不带有正、负号的十进制数字。有时,在标准的数的位置中,包含着一个以上的指令,但这种情况这里不必讨论)。

一个指令,必须指出要执行的是哪一种基本运算,这个运算的输入将从哪一个记忆寄存器中取得,运算后的输出要送到哪一个记忆寄存器去。要注意,我们已预先假定,所有的记忆寄存器的编号是成系列的,每一记忆寄存器的编号数目,叫做它的"地址"。同时,给各个基本运算编上号码,也是很便当的。这样,一个指令,只要简单地包

括运算的编号和记忆寄存器的地址就成了，它表现为一列
十进制数字（而且它的顺序是固定的）。

　　这种方式，还有一些变种。但是，在目前的叙述中，它
们并不特别重要。比如，一个指令，用上面讲过的方法，也
可以控制一个以上的运算；也可以指示它所包含的地址，
在进入运算过程之前，以某一特定方法加以修改（通常运
用的、实际上也是最重要的修改地址的方法，是对各个地
址增加一个特定的记忆寄存器）。或者也可以用另外一些
方法。如用特别的指令来控制这种修改，或者使一个指令
只受上述各个操作中的某一组成部分的影响。

　　指令的更重要的方面是：如上面讲过的控制序列点的
例子一样，一个指令必须决定它的承接者——是否有分支
（参阅上文）。我曾指出过，一个指令通常在物理意义上是
和一个数相同的。因此，存储指令的自然方法（在所控制
的解题过程中），是把它存储在记忆寄存器里。换句话说，
每一指令都存储在记忆中，即在一个规定的记忆寄存器
中，也就是在一个确定的地址中。这样，就给我们对指令
承接者的处理，提出了许多条特定的途径。因此，我们可
以规定，如果一个指令的地址在 X，其承接者的指令地址
则在 $X+1$（除非指明是逆接的情况）。这里说的"逆接"，
是一种"转移"，它是一种指明承接者在预定地址 Y 的特殊
指令。或者，一个指令中也可以包括"转移"的子句，以规
定它的承接者的地址。至于"分支"，可以很方便地被一个
"有条件的转移"指令所掌握。这种有条件的转移指令，规
定承接者的地址是 X 或 Y。是 X，还是 Y？取决于一定的
数字条件是否出现——也就是说，一个给定地址 Z 的数
字，是不是负数。这样的一种指令，必须包含着一个编号，
作为这种特殊形式指令的特征（这个特别的数字符号，它

在指令中所占的位置，以及它的作用，和上面讲过的标志基本运算的符号是一样的），而且地址 X、Y、Z 都表现为一序列的十进制数字（见上文所述）。

应该注意本节所讲的控制方式和上文讲过的插入式控制的重要区别：插入控制序列点是真实的、物质的对象，它们的插件连接表达了要计算的问题。本节所讲的这种控制的指令，则是一种概念上的东西，它储存在记忆中；记忆中的这一特定部分，表达了要计算的问题。由于这样，这种控制方式被称为"记忆存储控制"。

记忆存储控制的运算方式

在上述情况下，由于进行全部控制的各项指令都在记忆中，因而能够取得比以往任何控制方式更高的灵活性。计算机在指令的控制下，能够从记忆中取出数（或指令），对它进行加工（好像数的运算一般），然后把它归还到记忆中去（回到它原来的或其他的位置上）。这也就是说，这种方式能够改变记忆的内容——这就是正常的**运算方式**。特别是它能够改变指令（因为指令存在记忆里），改变控制它自己的动作的有关指令，所以，建立所有各种复杂的指令系统都是可能的。在系统中，可以相继地改变指令，整个计算过程在这样控制之下进行。因此，比仅仅是重复过程复杂得多的系统，都是可能办得到的。虽然这种方法十分勉强和十分复杂，它仍然被广泛采用了，而且在现代的机械计算——或者更恰当地说，在计算程序——的实践中，具有非常重要的作用。

当然，指令系统——它意味着要解出的问题和使用者的意图——是通过把指令"装放"进记忆里去的办法来同计算机互通信息。这通常是由预先准备好的纸带、磁带或其他相类似的媒介来完成的。

控制的混合方式

上面讲过的两种控制——插入式和记忆存储式,可以形成各种不同的组合。关于这方面,还可以说几句。

考虑一台插入控制的计算机,如果它具有和记忆存储控制计算机所具有的那种记忆部分,它就可能用一序列数字(以适当的长度)来描述它的插接的全部状态。这个序列存储在记忆中,大体上占有几个数码的位置,即几个顺序的记忆存储器。换句话说,它可以从若干个顺序的地址中找到这个序列,其中头一个地址,可以作为这一串地址的缩写,代表整个序列。记忆部分可以负载几个这样的序列,表示几个不同的插接方案。

此外,计算机也可能是完全的记忆存储的控制方式。但除这种系统的本来有的指令外(参见上述),还可以有下列形式的指示。第一,一种使插接件复位的指令,根据在规定的记忆地址中存储的数字序列,使插接件复位。第二,一种指令的系统,能够改变各插接件中的某一定的单项。(请注意,上面这两种指令,都要求插入件必须受电控制装置——如继电器,或真空管,或铁磁芯等的作用。)第三,一种指令,能够使控制方式从记忆存储式转为插入式。

当然,插入式方案还必须能够指定记忆存储控制(它可预设为一规定的地址)作为一个控制序列点的承接者(如果在分支的情况下,则作为承接者之一)。

第四章 混合数字方法

上面的这些评述，已经足以描绘出在各个控制方式及其相互组合中的灵活性。

应该引起我们注意的更进一步的计算机的"混合"类型，是模拟原则和数字原则同时存在的计算机类型。更准确地说，在这种计算机的设计方案中，一部分是模拟的，一部分是数字的，两者互通信息（数字的材料），并接受共同的控制。或者是，这两部分各有自己的控制，这两种控制必须互通信息（逻辑的材料）。当然，这种装置要求有能从已给定的数字转换成为模拟量的器官，也要求有从模拟量转换成为数字的器官。前者意味着从数字表达中建立起一个连续的量，后者意味着测量一个连续的量并将其结果以数字形式表现出来。完成这两个任务的各种元件，包括快速的电元件，是我们所熟知的。

数的混合表现，以及在此基础上建造的计算机

另一类重要的"混合"型计算机，是这样的一些计算机，它在计算程序中的每一个步骤（但是，不是它的逻辑程序），都包含了模拟的原则和数字的原则。最简单的情况是：每一个数，部分地以模拟方法表示，部分地以数字方法表示。我在下面将描述这样的一个方案，它常常表现于元

件和计算机的建造和设计以及一定类型的通信中，虽然目前还没有一种大型机器是用这种方案来建造的。

这种系统，我把它叫做"脉冲密度"系统，每一个数用一序列的顺次的电脉冲来表示（在一条线路上），因此序列的长度是各不相同的，但脉冲序列的平均密度（在时间上）就是要表达的数。当然，必须规定两个时间间隔 t_1 和 t_2（t_2 应比 t_1 大得相当多），上述的平均数必须在 t_1 与 t_2 时间之内。问题中的数，如以这种密度表示时，必须先规定它的单位。或者，也可以让这个密度不等于这个数的本身，而等于它的适当的（固定的）单调函数（monotone function）——比如，它的对数（采用这一办法的目的，是当这个数很小时，可以得到较好的表达；但当这个数很大时，这种表达方法就较差了，而且会带来所有连续的荫蔽[shadings]）。

我们可以设计出能把算术四则应用于这些数的器官。于是，脉冲密度表示数的本身，而两个数的相加，只要把这两个序列的脉冲加起来就成。其他的算术运算比较需要一点窍门，但是，适用的、多少也算是巧妙的方法也还是存在的。我在这里，将不讨论如何表示负数的问题，这个问题用适当的方法还是容易解决的。

为了获得适当的准确度，每一序列在每一时间间隔 t_1 内，必须包括许多个脉冲。如果在计算过程中，需要改变一个数，则它的序列的密度须随之改变，这就使这一过程比上述的时间间隔 t_2 慢。

在这种计算机中，数的条件之读出（为了逻辑控制的目的），可能带来相当的麻烦。但是，仍然有许多种装置可以把这样的数（一个时间间隔内的脉冲密度）转换为一个模拟的量。（比如，每个脉冲，可以向一个缓漏电容器供给一次标准充电［通过一给定电阻］，并将它控制在一个合理的稳定电压水平和电漏电流值上。这两者都是有用的模拟量。）上面已经讲过，这些模拟量能够用来进行逻辑控制。

在叙述了计算机的功能和控制的一般原则之后，我将对它们的实际使用以及支配它的原理作若干述评。

第五章　准　确　度

让我们首先比较模拟计算机和数字计算机的运用。

除了其他各方面的考虑外，模拟计算机的主要局限性是它的准确度问题。电模拟机的准确度难得有超过 $1:10^3$ 的，甚至机械的模拟机（如微分分析机）在最好的情况下也只能达到 $1:10^4$ 至 $1:10^5$。而另一方面，数字计算机却能达到任何我们所需要的准确度。比如，我们已经讲过，12 位十进制计算机，就标志着 $1:10^{12}$ 的准确度（我们在后面还要进一步讨论，这已经标志着现代计算机的相当典型的准确度水平）。还应该注意，数字计算机要提高准确度的话，比模拟机容易。对微分分析机来说，从 $1:10^3$ 提高到 $1:10^4$ 的准确度，还比较简单，从 $1:10^4$ 要提高到 $1:10^5$，就已经是现有技术所可能达到的最佳结果；用目前已有的方法，再要使准确度从 $1:10^5$ 提高到 $1:10^6$，则是不可能的了。而另一方面，在数字计算机中，使准确度从 $1:10^{12}$ 提高到 $1:10^{13}$，仅仅是在 12 位数字上加上 1 位，这通常只意味着在设备上相对地增加 $\frac{1}{12}=$ 8.3％（而且还不是计算机装置的每一部分都要如此增加），同时在速度上只损失同一比例（也不是每一处的速度都要损失），这两者的变化，都是不严重的。拿脉冲密度系统和模拟系统来比较，脉冲密度系统的准确度更差。因为在脉冲密度系统中，$1:10^2$ 的准确度要求在时间间隔

t_1 中，有 10^2 个脉冲，就是说，单单就这个因素来说，机器的速度就要减少 100 倍。速度按这样的数量级减少，是不妙的，如果要作更大的减少，一般就认为是不能允许的了。

需要高度的准确度（数字的）之理由

可是，现在会产生另外一个问题，为什么这样高度的准确度（例如在数字计算机中为 $1：10^{12}$），是必要的呢？为什么典型的模拟机（$1：10^4$）或甚至脉冲密度系统（$1：10^2$）的准确度是不够的呢？我们知道，在大多数应用数学问题和工程技术问题中，许多数据的准确度不会优于 $1：10^3$ 或 $1：10^4$，甚至有时还达不到 $1：10^2$ 的水平。所以，它们的答案也用不着达到更高的准确度，因为这样提高准确度是没有意义的。在化学、生物学或经济学的问题中，或在其他实际事务中，准确度的水平甚至还要低一些。可是，在现代高速计算方法的一贯经验中，都说明了：对于大部分的重要问题，甚至 $1：10^5$ 的水平还是不够用的。具有像 $1：10^{10}$ 和 $1：10^{12}$ 准确度水平的数字计算机，在实践中已被证明很有必要。这个奇怪的现象之理由，是很有趣和很有意义的。它和我们现有的数学的与数值过程的固有结构有关。

标志这些过程的特性的事实是：当这过程分析为它的各个组成元素时，过程就变得非常长了。对所有适于运用快速电子计算机的问题来说（即至少是具有中等复杂程度的问题），都是如此。根本的理由，是因为我们现在的计算过程，要求把所有的数学函数分析为基本运算的组合，即分析为算术四则运算或其他大致相当的运算程序。实际上,绝大多数的函数只能用这种方法求得近似值,而这种方法意味着在绝大多数情况下,需要很长的、可能是迭代的一序列基本运算(见前文所述)。换句话说,必要的运算之"算术深度",一般是很大的。还应指出,它的"逻辑深度"则是更大的;同时,由于一个相当重要的原因——比如:算术四则必须分解为基本的逻辑步骤,因而每一次运算本身都是一条很长的逻辑链子。但是,我们这里只需要谈谈算术深度的问题。

如果有很大量的算术运算,则每一次运算所出现的误差是叠加的。由于这种误差主要地(虽然还不是完全地)是随机的,如果有 N 次运算,误差将不是增加 N 倍,而是大约增加 $\sqrt{N}$ 倍。仅从这一点道理来说,要得到一个 $1:10^3$ 准确度的综合结果,还不需要每一步运算都要达到 $1:10^{12}$ 的准确度。因为只有当 N 为 10^{18} 时,$\frac{1}{10^{12}}\sqrt{N}\cong\frac{1}{10^3}$。而在最快速的现代计算机中,$N$ 也很难得大于 10^{10}。(一个计算机,每一步算术运算只需要 20 微秒,充其量来说,每个问题大约要解 48 小时,即使这样,N 也只是 10^{10} 左右!)。但是,我们还得考虑其他的情况。在计算过程中所进行的运算,会把前一步运算所发生的误差放大了。这将会极快地超过于刚才讲过的每一步准确度与要求综合结果的准确度之间的数字差距。上面讲过,$1:10^3$ 被 $1:10^{12}$ 除,得 10^9;但是,只要有 425 次顺次的运算,如果每一步运算只发生 5% 的误差,依次递增的结果,就会达到 10^9 的误差了。我在这里,不准备对此问题作具体的、实际的估计,特别是因为计算技术中已有不少办法减低这个效应。但不管怎样,从大量经验所得到的结论来看,只要我们遇到的是相当复杂的问题，上述的高度准确度水平是完全必要的。

在我们离开计算机的直接问题之前，我还要讲一下关于计算机的速度、大小以及诸如此类的事情。

第六章　现代模拟计算机的特征

在现有的最大型的模拟计算机中，基本运算器官的数目在一二百个左右。当然，这些器官的性质，取决于所采用的模拟过程。在不久以前，这些器官已趋向于用电的、至少也是电气-机械的结构了（机械级是用来提高精确度的，见上述）。如果具备了周密细致的逻辑控制，这可以给这个系统加上一定的典型的数字执行器官（像所有这种类型的控制系统一样），这些器官是电磁机械继电器或真空管等（在这里，对真空管没有用到最大的速度）。这些元件的数目，可以多到几千个。这样的一台模拟计算机，其投资甚至可能达到一百万美元的数量级。

第七章　现代数字计算机的特征

大型数字计算机的结构，更加复杂。它由"作用"器官和具有"记忆"功能的器官组成。对于记忆器官，我将把"输入"和"输出"的器官都包括在内，虽然这在实践中还不是普遍应用了的。

作用器官是这样的。第一，这些器官进行基本的逻辑操作：读出叠合，把各个脉冲结合起来，并可能也要读出反叠合（此外，就不需要具有再多的功能了。虽然有时也还有更复杂的逻辑运算器官）。第二，这些器官可以再产生脉冲：恢复逐渐消耗的能量；或只把机器的这部分的脉冲，简单地提高到另一部分的较高的能量水平上面来（这两种功能都叫做放大）。有些器官，还可以恢复脉冲所需要的波形和同步（使之在一定的允差和标准之内）。请注意，我刚才所说的第一种逻辑运算，正是算术运算的基本要素（参阅上文）。

作用元件，速度的问题

所有上述的功能，从历史顺序上说，是由下列元件来完成的：电-机械继电器，真空管，晶体二极管，铁磁芯，晶体管，或各种包括上述元件的小型线路。继电器大约可以达到每个基本逻辑动作需要 10^{-2} 秒的速度。真空管则可

以把速度提高到 10^{-5} 到 10^{-6} 秒的数量级（在最佳的情况下，可达到 10^{-6} 秒的一半或四分之一）。铁磁芯和晶体管等，即被归类为固态装置的元件，大约可以达到 10^{-6} 秒的水平（有时可达 10^{-6} 秒的几分之一）；而且差不多可扩展到每基本逻辑动作只需 10^{-7} 秒的速度领域内，甚至还可能更快一些。其他还有一些装置（我们这里不拟讨论了），可以使速度更进一步提高。我预期，在下一个十年，我们有可能达到 10^{-8} 至 10^{-9} 秒的速度水平。

所需的作用元件的数目

在大型现代计算机中，作用器官的数目，随计算机类型之不同而各异，大约有 3 000 个到 30 000 个。在其中，基本的算术运算通常是由一种组件来完成的（更准确地说，是由一组或多或少地合并起来的组件来完成的）。它叫做"算术器官"。在一个大型的现代计算机中，这个器官，大约包括从 300 个到 2 000 个的作用元件，随形式不同而定。

我们在下面还要说到，若干作用器官的一定组合，可用来完成某些记忆的功能。一般地说，这需要 200 个到 2 000 个作用器官。

最后，适当的"记忆"集合，需要有辅助的子组件，它由作用器官组成，用以为记忆集合服务和管理它们。对于那些不包括作用器官的记忆集合来说（详见后文。用该处的术语来说，这是记忆分级的第二级水平），这个功能可能需要 300 至 2 000 个作用器官。对于整个记忆的各个部分来说，相应需要的辅助的作用器官，可能相当于整个计算机作用器官的 50% 左右。

记忆器官的存取时间和记忆容量

记忆器官属于几种不同的类别。据以分类的特征是"存取时间"。存取时间可定义如下：第一，存取时间是存储已在计算机其他部分出现的数的时间（通常是在作用器官的寄存器中出现的，见下文）。或者是移出记忆器官中已经存入的数的时间。第二，当被"询问"时，记忆器官对机器的其他部分，"重述"已经存入的数所需要的时间。这里所说的机器的其他部分，是指接受这个数的元件（通常是指作用器官的寄存器）。为方便起见，可以把这两个时间分别说明（叫做"存入"时间或"取出"时间）；或者就用一个数值，即用这两个时间中较大的一个来代表，或者用它们的平均数。再者，存取时间可能变化，也可能不变化，如果存取时间并不取决于记忆地址，它就叫做"随机存取"。即使存取时间是可变的，我们也只采用它的一个数值，通常是用它的最大值，或用它的平均值（当然，存取时间的平均值，将取决于待解算问题的统计性质）。不管怎样，为了简化起见，我在这里将只使用一个单一的存取时间值。

以作用器官构成的记忆寄存器

记忆寄存器可以用作用器官构成。它们具有最短的存取时间，但却是最费钱的。这样的一个寄存器，连同它的存取设备，对每一个二进制数字（或每一个正号、负号），就需要至少是 4 个真空管的线路（如用固态元件时，可以少一点儿）。而对每个十进制数字来说，真空管的数目还要大 4 倍以上。我们上面讲过的 12 位十进制数字（和正、负符号）的系统，则一般需要 196 个真空管的寄存器。但另一方面，这样的寄存器具有一个或两个基本反应的存取时间，这些时间和其他各种可能的时间比较起来，还是非常快的。同时，有几个这样的寄存器可以为整个装置带来一定的经济效益；对于其他形式的记忆器官来说，必须用这种作用器官构成的寄存器，作为"存入"和"取出"的器官；而且，作为算术器官的一部分，也需要有一个或两个（某些设计中甚至还需要三个）的这种寄存器。总而言之，如果这种寄存器的数目适当的话，它会比我们初看起来的估计要经济一些，同时，在这个范围内，计算机的其他器官也很需要这样的记忆寄存器作为其附属部分。可是，把这种作用器官构成的记忆寄存器，用来配备大容量的记忆器官，看来是不适宜的。而这样大容量的记忆器官是几乎所有的大型计算机都需要的。（请注意，这个观察推论只是适用于现代的计算机，即在电子管时代及其以后的计算机。在此以前的继电器计算机中，继电器就是作用器官，而用继电器构成的记忆寄存器则是记忆的主要形式。因此，请注意，以下的讨论，也请读者了解为仅是适用于现代计算机的。）

记忆器官的谱系原理

如上所述，对于那些庞大的记忆容量，必须运用其他形式的记忆器官。因此，就引入了一个记忆的"谱系"原理（Hierarchic principle）。这个原理的意义可叙述如下：

一个计算机，为了完成它的应有功能（解算要它解答的问题），它需要一定数目的记忆容量，比如说，在一定的存取时间 t 时，需要记忆 N 个字。要在存取时间 t 内提供这 N 个字，可能存在着技术上的困难，或者在经济上非常昂贵（技术上的困难，也往往是通过昂贵的费用表示出来的）。但是，在这个存取时间 t 内，可能并不需要提供所有的这 N 个字，而只需要提供一个相当减少了的数目——N' 个字。而且，当在存取时间 t 内供应了 N' 个字之后，整个容量的 N 个字，只是在一个更长的存取时间 t'' 时才需要。这样分析下去，我们可能进一步遇到这样的情况：在一个长于 t 而短于 t'' 的存取时间内，提供一定的中间容量——即少于 N 字而多于 N' 字，可能是最经济的。最普通的方案，是规定一序列的记忆容量 $N_1, N_2, \cdots, N_{k-1}, N_k$ 以及一序列的存取时间 $t_1, t_2, \cdots, t_{k-1}, t_k$。这样的两个谱系的序列，使全部记忆容量划分得更加精确；而存取时间的规定则比较放松了一点。这两个谱系的序列是：$N_1 < N_2 < \cdots < N_{k-1} < N_k$ 和 $t_1 < t_2 < \cdots < t_{k-1} < t_k$；而且在存取时间 t_i 时，需要相应的容量 N_i 个字，此处 $i = 1, 2, \cdots k-1, k$。（为了使这两个序列和我们刚才所说的一致，读者应该了解，$N_1 = N'$，$t_1 = t$，$N_k = N$，$t_k = t''$。）在这个方案中，每一个 i 的值，代表记忆谱系的一个水平；记忆的谱系，共有 k 个水平。

记忆元件，存取问题

在一个现代的大型高速计算机中，记忆谱系的水平总数，将至少是三级，或可能是四级、五级水平。

第一级水平，常常就是指我们在上面讲过的寄存器的水平。这一级的 N_1，在差不多所有的计算机设计中，都至少是 3 个字，或者更多一些。有时甚至曾提出要达到 20 个字。存取时间 t_1，则是计算机的基本开关时间（或可能是这个时间的两倍）。

第二级的水平，常常是靠专门的记忆器官的帮助来达到的。这些专门的记忆器官，和计算机其他部分用的开关器官不同，和用于上述第一级水平的开关器官不同。这个水平所用的记忆器官，通常须有记忆容量 N_2，约从几千个字到几万个字（几万个字的容量，在目前还是在设计阶段中）。其存取时间 t_2，一般比上述第一级水平的存取时间 t_1 长 5 倍至 10 倍。

更高级的各级水平，其记忆容量 N_i 的增加，一般是每级增加 10 倍左右。存取时间 t_i 的增长，比这还要快一些。但是，同时还须考虑限制和规定存取时间的若干规则（参见后文）。现在就进一步详细讨论这个问题，似乎是过于具体了。

最快速的记忆元件，即专门的记忆器官（不是作用器官，见前述），是某些静电装置和磁心阵列。在目前来看，磁心阵列的使用，肯定居于优势，虽则其他的技术方法（静电、铁-电体等）也可能载入或进入这个领域。在记忆谱系的较高的水平上面，目前使用磁鼓和磁带的最多，磁盘也曾被建议采用并加以探索。

存取时间的概念之复杂性

上面所讲的三种装置，都受特殊的存取规则和限度所制约。磁鼓的各个部分，是顺序地和循环地出现的，以供存取。磁带的记忆容量实际上是无限制的,其各个部分的出现则按照一个固定的直线顺序,需要时,它还可以停下来或反向移动。所有这些方案,都可以和各种不同的安排结合起来,以便使计算机的功能和固定的记忆序列之间得到特定的同步。

任何记忆谱系的最后一级,都必须和外间世界发生关系。所谓外间世界,是计算机所关联的外界,也就是计算机能够直接互通信息的外界,换句话说,就是计算机的输入和输出器官。计算机的输入和输出器官,一般都是用穿孔纸带或卡片;在输出端,当然也有用印刷纸片的。有时,磁带是计算机最后的输入-输出系统,而把它翻译成为人们能够直接使用的媒介(穿孔卡片或印刷纸片)的工作,则是在机器以外进行的。

下面是若干存取时间的绝对值:现有的铁磁芯记忆装置,是5～15微秒。静电记忆装置,是8～20微秒。磁鼓记忆装置,每分钟2 500～20 000转,即每转24～3毫秒,在这24～3毫秒内,可供应1～2 000个字。磁带的速度,已达每秒70 000线,即每14微秒1线,一个字约包含5～15线。

直接地址的原理

所有现有的计算机及其记忆装置,都使用"直接地址"。就是说,记忆中的每一个字,都有一个自己的数码地址,作为这个字以及它在记忆中的位置的唯一标志。(上面所说的记忆,是指记忆谱系的各个水平的总体而言。)当记忆的字在读出或写出时,即须明确规定它的数码地址。有时,并不是记忆的所有部分都是在同一时间里能够存取的。（见上述；在多级记忆中，可能不是所有的记忆都在同一时间内被接受的，而是按一定的存取优先规定先后被接受。）在这种情况下，对记忆的存取，取决于在需要存取时计算机的一般状况。可是，对于地址和地址的指定位置，则永远不应该有任何含糊之处。

冯·诺伊曼的后裔在其纪念邮票发行会上留影。

冯·诺伊曼是20世纪最著名的数学家之一，在纯粹数学和应用数学方面都有杰出的贡献。1940年，是冯·诺伊曼科学生涯的一个转换点。在此之前，他在纯粹数学领域的卓越贡献，远远超过同时代的数学家。因此，1937年美国数学会授予他玻谢（Bôcher）奖，这个奖是美国数学界最高荣誉之一，之前只有维纳等五人获此奖。图为1937年美国发行的纪念冯·诺伊曼的邮票。

1940年后，冯·诺伊曼则成了一位牢固掌握纯粹数学的出神入化的应用数学家。如果说他的纯粹数学成就属于数学界，那么他在力学、经济学、数值分析和电子计算机方面的工作则属于全人类。

↑ 冯·诺伊曼与摩根斯顿（Oscar Morgenstern，1902—1977）合影。

↑ 1944年第一版《博弈论与经济行为》书封。

从1942年起，他同摩根斯顿合作写《博弈论与经济行为》一书，于1944年出版，这是博弈论（又称对策论）中的经典著作，冯·诺伊曼因此被称为博弈论之父。

20世纪最重要的两项成就无疑是原子弹和电子计算机，而亲自参加两者研究并做出巨大贡献的也许只有冯·诺伊曼。第二次世界大战欧洲战事爆发后，冯·诺伊曼的活动越出了普林斯顿，参与了同反法西斯战争有关的多项科学研究计划。

← 从右至左：冯·诺伊曼（右）和乌拉姆（Stanislaw Marein Ulam）、费曼（Richard Phillips Feynman），他们都是参与曼哈顿工程，研制原子弹，研制氢弹成员。

→ l943年，冯·诺伊曼参与洛斯·阿拉莫斯的曼哈顿计划，成为制造原子弹的顾问。图为担任原子能委员会工作时候的冯·诺伊曼。

曼哈顿计划：1942年6月，美国原子弹研制计划正式开始，由于其总部开始设在纽约市曼哈顿区，因此原子弹研制计划也叫做曼哈顿计划。主要负责人格罗夫斯（L. R. Groves，1896—1970）和奥本海默（Robert Oppenheimer，1904—1967）。格罗夫斯喜欢在战术问题上同冯·诺伊曼讨论。

← 奥本海默（图中戴白色帽子）和格罗夫斯（奥本海默左侧）在察看"三位一体"的爆炸现场。30多米高的塔台、绞盘以及放置原子弹的小屋，爆炸后在现场只留下了一个小小的、扭曲的残骸。

为了顺利完成原子弹研究计划，美国军事当局决定建立一个新的研究基地，这就是后来闻名于世的洛斯·阿拉莫斯实验室。奥本海默被任命为洛斯·阿拉莫斯实验室主任。他因此赢得了"原子弹之父"的称号。

← 洛斯·阿拉莫斯实验室可以看做是整个曼哈顿计划的"总装车间"。

→ 当奥本海默看到原子弹的破坏力时，脑子立即闪现出印度的古诗："我死了，世界毁灭了。"奥本海默对广岛和长崎所遭到的巨大灾难深感内疚，在以后的岁月里，这位被人们称为"原子弹之父"的科学家成为反对核武器运动的积极倡导者。

← 奥本海默和冯·诺伊曼在计算机前合照。当反对研制氢弹的奥本海默对美国的忠诚受到怀疑时，冯·诺伊曼曾替他辩护。最终奥本海默未被起诉。

20世纪40年代，冯·诺伊曼开始集中研究自动机理论，到50年代中期，自动机理论成为计算机科学中的一个非常活跃的分支。

早在洛斯·阿拉莫斯之前，冯·诺伊曼就清醒地看到，对一些理论物理的研究，必须辅之以数值计算。进行手工计算或使用台式计算机所需的时间令人难以容忍，于是他开始研究电子计算机。

1943年，受美国阿伯丁弹道实验室的委托，建造第一台电子计算机ENIAC的工作正式在费城宾夕法尼亚大学莫尔学院启动，1946年主要研制者是工程师艾克特（J. P. Eckert，1919—1995）及物理学家莫克莱（J. Mauchly，1907—1980），冯·诺伊曼是莫尔学院的常客。

↑ ENIAC，世界上第一台大型通用电子计算机实验室。

→ 冯·诺伊曼参与了计算机ENIAC电子管组件的研制工作，ENIAC由大量电子管组成。

← 冯·诺伊曼架构。1944年，冯·诺伊曼提出了电脑应该由存储器、运算器、控制器、输入、输出所组成，这种架构被后人称为冯·诺伊曼架构。

1945年3月，冯·诺伊曼和莫尔学院研制小组共同讨论，他起草了新机器电子离散变量自动计算机的设计报告初稿，长达101页的报告轰动了数学界。冯·诺伊曼提出数字计算机的数制采用二进制，计算机应该按照程序执行。人们把冯·诺伊曼的这个理论称为冯·诺伊曼体系结构。直到现在，最先进的计算机采用的都是冯·诺伊曼体系结构。

→ 冯·诺伊曼与他设计机器的合照。

↑ 宾夕法尼亚大学鸟瞰图。

宾夕法尼亚大学的莫尔学院研制人员因优先权的问题而陷于分裂，冯·诺伊曼回到了普林斯顿高等研究院，开始新一轮工作。他亲自督造了一台计算机。

→ 冯·诺伊曼在家中的照片，现挂在普林斯顿大学高等研究院大厅。

冯·诺伊曼虽然没有造出世界上第一台计算机，但仍被称为数字计算机之父。冯·诺伊曼的设计思想对后来计算机的设计有决定性的影响。

1946年初，在冯·诺伊曼的影响下，一向专搞理论研究的普林斯顿高等研究院掀起了一个真正的"计算机热"。同年，冯·诺伊曼同哥德斯坦研究遍程序的问题，发明了流程图，解决了代码问题，这大大简化了程序员编制程序的烦琐步骤。

在各方资助下，冯·诺伊曼首先研制"完全自动通用数字计算机"，以高等研究院的英文首字母IAS命名，它是现代通用机的原型。这个机器在1951年交付使用，效率比ENIAC快几百倍。

← 冯·诺伊曼设计的流程图草稿。

→ 冯·诺依曼（左）与奥本海默（右）在IAS机前。

战后冯·诺伊曼为计算机寻找新的用场。1946年，冯·诺伊曼把数值天气预报作为考验应用电子计算机的头号课题。

1948年秋天，冯·诺伊曼和查尼（J.C.Charney 1917—1981）开始合作研究用计算机预报天气。

1953年，在普林斯顿高等研究院用计算机进行实验，已能预报风暴的发展。1954年起天气预报成为例行公事。这完全是冯·诺伊曼的亲自组织以及与气象学家密切合作的结果。

↑ 查尼，美国气象学家。

→ 一位画家想象的理查德孙（Richardson）天气预报工厂（Forecast Factory）图，理查德孙曾估计用64000台计算机才能赶上大气的变化。但现在只用一台计算机就可以实现。

1948年，美国中央情报局，参谋长联席会议，三军的科研管理机构等政府机构，以及IBM、兰德（Rand）公司等企业同时聘请冯·诺伊曼当它们的科学顾问。

← 冯·诺伊曼帮助IBM公司催生出第一台存储程序的电脑IBM 701。1953年4月7日，IBM正式对外发布 IBM701。并邀请冯·诺伊曼和奥本海默等共150位各界名人出席揭幕仪式。图为IBM701。

→ 1954年， 兰德公司研制的以冯·诺伊曼名字命名的计算机（JOHNNIAC），JOHNNIAC 是 John v. Neumann Integrator and Automatic Computer 的缩写。JOHNNIAC 造价470000 美元，它的内存才 4K！

电子数字计算机是20世纪人类最伟大发明之一。自从1946年世界上第一台电子数字计算机诞生以来，计算机得到了迅速发展和应用，体积越来越小，运行速度越来越快，内存越来越大。计算机已经成为人们工作、学习和生活不可或缺的工具。

↑常用台式电脑

↑便携式手提电脑

↑目前全球最小的掌上电脑

1954年，冯·诺伊曼任美国原子能委员会委员。同年，费米、乌拉姆等人在他的影响下进行非线性谐振子计算机实验，这个实验经过改进，在1967年终于得到水波方程的孤立子解，这显示了计算机实验的伟大启发力量。

← 1956年，冯·诺伊曼被授予代表美国平民最高荣誉的总统自由勋章。

→ 图为1956年，艾森豪威尔总统在白宫为冯·诺伊曼颁发总统自由勋章。

← 同在1956年，冯·诺伊曼获得首次颁发的爱因斯坦奖和费米奖。费米奖是美国政府颁发的一项国际奖，费米奖用来奖励在核能的开发、利用或控制方面取得杰出科技成就的人士，不授予单项成果，而是以获奖者一生的功绩作为评价标准，予以奖励。以著名科学家费米命名。图为费米。

爱因斯坦奖是一项世界性的科学大奖，以科学家爱因斯坦的名字命名，由世界文化理事会设立，每年颁发一次，授予为造福人类作出贡献的杰出科学家。

1954年夏，冯·诺伊曼被发现患有癌症，1957年2月8日，在华盛顿去世，终年54岁。

临终前，冯·诺伊曼深入比较了天然自动机和人工自动机，没有完成的手稿在1958年以《计算机与人脑》出版。《计算机与人脑》思想丰富，对后来的理论与实践产生了不可忽视的影响。

冯·诺伊曼是20世纪最伟大的数学家之一，他的贡献遍及许多领域，单计算机方面的贡献就足以使他名垂青史。

第二部分
人　脑

· Part 2 The Brain ·

　　在这一部分，我们将讨论计算机与人类神经系统这两类"自动机"之间的相似与不相似之点。

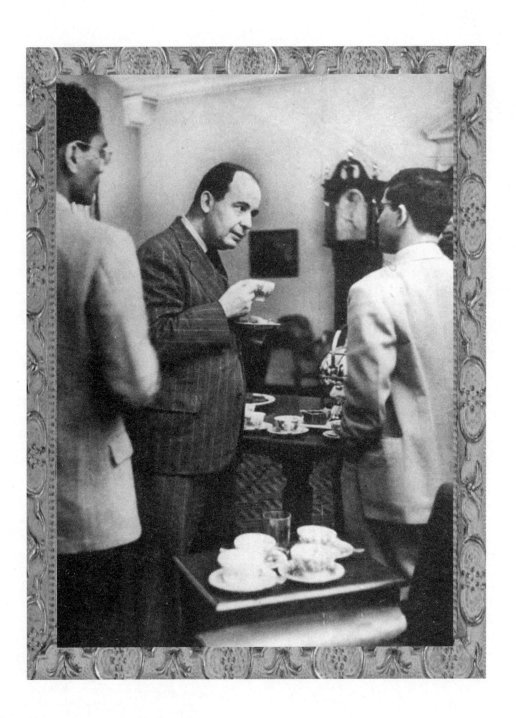

我们在上面的讨论,已经提供了比较的基础,而比较则是本书的目的。我曾相当详细地叙述了现代计算机的本质,以及组成计算机的宽广的可供抉择的种种原理。现在,我们有可能转入另一项比较,即与人类神经系统的比较。我将讨论这两类"自动机"之间的相似与不相似之点。找出它们相类似的要素,将引向我们所熟悉的领域。同时,还有若干不相类似的要素。这些相异之处,不仅存在于大小尺寸和速度等比较明显的方面,而且存在于更深入、更根本的方面,包含:功能和控制的原理,总体的组织原理等等。我的主要目的,是探讨后一方面。但是,为了对这些作出恰当的评价,把相类似的地方和那些更表面的不同之处(如大小、速度等),并列和结合起来讨论,也是需要的。因此,下面的讨论,也同时对这些内容给以相当的强调。

第八章　神经元功能简述

对神经系统作最直接的观察,会觉得它的功能**显而易见**地是数字型的。我们有必要比较充分地讨论这个事实,以及讨论作出这一判断所依据的构造和功能。

神经系统的基本元件,是**神经细胞**,或称**神经元**。神经元的正常功能,是发出和传播**神经脉冲**。这个脉冲,是

◀冯·诺伊曼在高等研究院与其研究生喝下午茶。

一种相当复杂的过程,有着各种不同的表现——电的、化学的和机械的。但是,看来它却是一个相当单一的规定的过程,就是说,它在任何条件下都是一致的;对于变化范围相当广阔的刺激来说,它表现出一种在本质上是可以再现的、单一的反应。

让我较详细地讨论和这本书的内容有关的神经脉冲的各个方面。

第九章　神经脉冲的本质

　　神经细胞包含一个**细胞体**，从它那儿，还直接或间接地引出一个或多个分支。每一个分支，叫做细胞的**轴突**（axon）。神经脉冲就是沿着每一根轴突所传导的一种连续的变化。传导一般是以固定的速度进行的，这个速度也可能是神经细胞的一个功能。正如前面所说，上述变化的情况，可以从多方面来看。它的特征之一是必然存在着一种电扰动；事实上，人们往往也把这个变化描述为一种电扰动。这个电的扰动，通常具有大约 50 毫伏的电位和约 1 毫秒的时间。与电扰动同时，沿着轴突还发生着化学变化。即在脉冲电位和经过的轴突面积内，细胞内液（intra-cellular fluid）的离子构成起了变化，因而，轴突壁（**细胞膜**）的电化学性质——如电导率、磁导率等，也起了变化。在轴突的末端，化学性质的变化就更加明显；在那里，当脉冲到达时，会出现一种特殊的具有标志性的物质。最后，可能还有着机械变化。细胞膜各种离子导磁率的变化，很可能只能从它的分子的重新取向排列才能发生，这就是一种机械变化，即包括这些构成成分的相对位置的变化。

　　应该说明，所有这些变化都是可逆的。就是说，当脉冲过去之后，所有轴突周围的各种条件、所有它的组成部分，都可以恢复到原来的状态。

　　因为所有这些效应，都在分子的水平上进行（细胞膜的厚度只有几个十分之一微米左右，即约 10^{-5} 厘米。这就是细胞膜所包括的大的有机分子的尺寸）。因此，上述电的、化学的和机械的效应，其间的区分是不很清楚的。在分子水平上，在这些变化之间，并无截然的区别：每一次化学变化，都是由决定分子相对位置变化的分子内力的变化而引起的，因此，它又是机械的诱发过程。而且，每一个这样的分子内力的机械变化，都影响到分子的电性质，因而引起电性质的变化和相对电位水平的变化。总之，在通常的（宏观）尺度上，电的、化学的、机械的过程，是能够明确区分的，不属于这一类，就属于那一类；但是，在接近分子水平的神经细胞膜中，所有这些方面都合并起来了。因此，很自然地，神经脉冲就成为这样一种现象，我们可以从这几个方面中的任何一个方面去考察它。

刺激的过程

如前所述，已经充分显现出来的神经脉冲是可以比较的，而不管它是怎样被诱发出来的。由于它的特性并不是非常明确的（它可以被看做是电的过程，也可以看做是化学的过程等），因此，它的诱发原因，同样也可以既归之于为电的原因，又归之于化学的原因。而且，在神经系统内，大多数的神经脉冲，又是由一个或多个其他神经脉冲所引起的。在这些情况下，这一诱发的过程（神经脉冲的**刺激**），可能成功，也可能不成功。如果它失败了，那就是最初发生了一个扰动，而在几毫秒之后，扰动就消失了，沿着轴突并没有扰动的传导。如果它成功了，扰动很快就形成一种标准的形式（近似于标准），并以此形式沿着轴突传导。这就是说，如上所述，这一标准的神经脉冲将沿着轴突移动，看来，不管诱发过程的具体细节如何，神经脉冲在表现形式上是相当地独立的。

神经脉冲的刺激，一般产生在神经细胞的细胞体内或其附近。它的传导，则是沿着轴突进行的。

由脉冲引起的刺激脉冲的机制，它的数字特性

我现在可以回到这一机制的数字性质上面来。神经脉冲可以很清楚地看做是两值符号，它的含意是：无脉冲时表示一个值（在二进制数字中为 0），脉冲出现时表示另一个值（在二进制数字中为 1）。当然，它应该被描述为在某一特定轴突上的变化（或者，不如说是在某一特定神经元上各轴突的变化），并且，可能在相关于其他事件的一个特定时间内。因此，它们可以用一种特殊的、逻辑作用的符号（二进制数字中的 0 或 1）来表示。

上面已经讲过，在给定神经元的轴突上发生的脉冲，一般是由冲击在神经元细胞体上的其他脉冲所激发的。这个刺激，通常是有条件的，就是说，只有这些原发脉冲的一定组合和同步性，才能激发出我们所讲过的派生脉冲，而其他条件是产生不了这种激发作用的。这就是说，神经元是一个能够接受并发出一定的物理实体（脉冲）的器官。当它接受那些具有一定组合和同步性的脉冲时，它会被刺激而产生自己的脉冲；反之，它就不能发出自己的脉冲。描述对哪一类脉冲作出什么反应的规律，也就是支配这个作为作用器官的神经元的规律。

很明显，对数字计算机中一个器官的功能之描述，对数字器官作用与功能的描述，都已经特征化了。这就支持

了我们原先的断定：神经系统具有着一种"最初看见的"①数字特性。

让我对"最初看见的"这个形容词多说几句。上述描述，包含着某些理想化与简化，这在后面我们还要讨论的。如果考虑到这些情况，神经系统的数字性质，就不是那么清楚与毫无疑问的了。但是，我们在前面所强调的那些特点，的确是首要的显著的特点。所以，我从强调神经系统的数字特性来开始本章的讨论，看来还是比较适宜的。

神经反应、疲乏和恢复的时间特性

在讨论本题之前，需要对神经细胞的大小、功率消耗和速度等等，作出若干定向性的评述。当我们把神经细胞与它的主要的"人造对手"（现代的逻辑与计算机器之典型作用器官）相比较时，这些情况特别有启发意义。这些人造的典型作用器官，当然就是真空管和最近发展起来的晶体管了。

上面已经讲过，神经细胞的刺激，一般都在它的细胞体附近发生。事实上，一个完全的正常的刺激，可以沿着一条轴突进行。就是说，一个适当的电位的或化学的刺激，如果适当地集中而施加到轴突的一点上，将在那里引起一个扰动，它很快就会发展为一个标准的脉冲，从被刺激的点，沿着轴突向上和向下进行。上面所讲的通常的刺

①　这个词，作者用了一句拉丁文——prima facie，按字典的诠释，原意是第一次看见或第一次观察（on the first view）。作者这样说，是因为按本书以后的分析，神经系统的数字性质并不是完全没有问题的。——译注

激,往往发生在从细胞体伸展出来一组分支附近,虽然这些分支的尺寸更小,但它基本上还是轴突,刺激从这组分支传到神经细胞体去(然后又传到正常的轴突上去)。这一组刺激接收器,叫做树状突起(dendrites)。由其他脉冲(或其他多个脉冲)而来的正常的刺激,是从传导这脉冲的轴突(或多个轴突)的一个特殊末端发射出来的。这个末端叫做**突触**(synapse)。(一个脉冲,不管它只能通过一个突触引起刺激,或者是当它沿轴突传导时,它都可以直接刺激别的轴突,只有封闭的轴突除外。这个问题,在这里不需要讨论。但从这一现象来说,是有利于这样一个短路过程的假定的。)刺激穿过突触的时间,大约是 10^{-4} 秒的几倍。这个时间被定义为:从脉冲抵达突触开始,一直到在被刺激的神经元的轴突之最近点上发生刺激脉冲为止。但是,如果我们把神经元作为逻辑机的作用器官来看,上述规定并不是表示神经元反应时间的最有意义的方法。理由是:当刺激脉冲实现之后,被刺激的神经元并不能立即恢复到它原有的、被刺激前的状态。这就叫做**疲乏**,即:它不能立即接受另一脉冲的刺激,不能作出标准的反应。从机器的经济观点来说,更重要的是量度这样一个速度:当一个引起了标准反应的刺激发生之后,需要多少时间,另一刺激才能引起另一个标准反应。这个时间,大约为 1.5×10^{-2} 秒。从以上两个不同数字可以很明显地看出,实际上刺激通过突触的时间,只需要这个时间(10^{-2} 秒)的百分之一二,其余时间都是恢复时间,即神经元从刺激刚过后的疲乏状态恢复到在刺激前的正常状态。应该指出,疲乏的恢复,是逐渐的,在更早一点的时间(大约在 0.5×10^{-2} 秒时),神经元就能够以非标准的形式作出反应,也就是说,它也可以产生一个标准的反应,不过必须新的刺激比在标准条件下所需要的刺激更加强烈。这种情形,还具有更加广泛的意义,在后面我们还要再讲到的。

因此,讲到神经元的反应时间,要看我们采用什么样的定义,大体上在 10^{-4} 秒到 10^{-2} 秒之间,而后面的那个定义,意义更大一些。和这个时间相比,在大型逻辑机中使用的现代真空管和晶体管,它们的反应时间在 10^{-6} 秒和 10^{-7} 秒左右(当然,我在这里也是指完全恢复时间,即器官恢复到它的刺激前状态的时间)。这就是说,在这方面,我们的人造元件比相应的天然元件优越,要快 $10^{4} \sim 10^{5}$ 倍左右。

至于大小尺寸的比较,就和这个结论很不相同。估计大小的途径有许多,但是最好的方法还是拿它们一个一个地估计。

神经元的大小,它和人造元件的比较

神经元的线形尺寸,对这一种神经细胞和对另一种神经细胞,是各不相同的。某些神经细胞,彼此很紧密地集合成一大团,因此,轴突就很短;而另外一些神经细胞,要在人体中距离较远的部分之间传递脉冲,因而它们的线形长度可以与整个人体的长度相比较。为了要得到不含糊的和有意义的比较,一个办法是把神经细胞中逻辑作用部分与真空管、晶体管的逻辑作用部分相比。对于神经细胞,逻辑作用部分是细胞膜,它的厚度大约是 10^{-5} 厘米的几倍。至于真空管的逻辑作用部分,是栅极到阴极的距离,大约是 10^{-1} 厘米到 10^{-2} 厘米的几倍;对晶体管来说,这就是"触须电极"间的距离,即非欧姆电极——"发射极"和"控制电极"的距离,大约为这些零件的直接作用环境的三分之一,其数值约为略小于 10^{-2} 厘米。因此,从线形尺寸来说,天然元件要比我们的人造元件小 10^3 倍左右。

其次,比较它们的体积也是可能的。中央神经系统所占空间,大约是处在一升左右的数量级上(在人脑中),亦即 10^3 立方厘米。在中央神经系统中所包括的神经元数目,一般估计在 10^{10} 个的数量级上,或者还要多一些。因此,每个神经元的体积,可估算为 10^{-7} 立方厘米。

真空管或晶体管的装配密度,也是可以估计的,虽则这一估计并不能绝对地毫无疑问。看来,在双方的比较中,各个真空管或晶体管装配起来的密度,要比单一元件的实际体积,能够更好地衡量元件大小的效率。按今天的技术水平,把几千个真空管装配在一起,大约需要占据几十立方英尺的容积;而把几千个晶体管装配在一起,则需要占据一个或几个立方英尺的容积。以后者(晶体管)的数字,作为今天的最佳纪录,则几千个(10^3)作用器官需要占据 10^5 立方厘米的容积,故每一个作用器官的体积为 $10 \sim 10^2$ 立方厘米。因此,在占用容积(体积)方面,天然元件比人造元件要小 $10^8 \sim 10^9$ 倍。把这个比数,同上述线形尺寸的比数对比时,线形尺寸的比数,最好是把它看做为体积比数的根据,它应该是体积比数的立方根。把体积比数 $10^8 \sim 10^9$ 开立方,其立方根是 $0.5 \sim 1 \times 10^3$,这个推算结果,和上节我们直接求得的线形尺寸比数是相当吻合的。

能量的消耗,与人造元件的比较

最后,应该进行能量消耗的比较。一个作用的逻辑器官,从它的性质来说,是不作任何功的:刺激脉冲,比起它激发起来的脉冲来说，只要有几分之一的能量就足够了。在任何情况下，在这些能量之间，并不存在着内在的与必要的关系。因此，这些元件中的能量，差不多都是散失了，即转变为热能而不作相应的机械功。因此，能量的需用量，实际上就是能量的消耗量，所以我们可以谈这些器官的消耗量。

在人类的中央神经系统（人脑）中，能量消耗大约在 10 瓦特的数量级。因为人脑中约有 10^{10} 个神经元，所以每个神经元的能量消耗约为 10^{-9} 瓦特。而一个真空管的典型能量消耗量约在 $5\sim10$ 瓦特的数量级上。一个晶体管的典型能量消耗量约在 10^{-1} 瓦特的数量级上。由此可以看到，天然元件的能量消耗比人造元件要小 $10^{8}\sim10^{9}$ 倍。这个比例，和刚才所说的体积比较的比例，是相同的。

比较的总结

把上面的比较总结一下。按大小对比，天然元件比人造元件的相对比较系数是 $10^{8}\sim10^{9}$，天然元件远较人造元件优越。这个系数是从线形尺寸的比例乘立方求得，它们的体积比较和能量消耗比较，也是这个系数。和这个情况相反，人造元件的速度，比天然元件快，两者的比较系数是：人造元件比天然元件快 $10^{4}\sim10^{5}$ 倍。

我们现在可以根据上述数量的评价来作出一定的结论。当然，应该记住，我们前面的讨论还是很肤浅的，因而现在所得出的结论，随着今后讨论的展开，将需要作出很多修正。可是，无论如何，值得在现在就提出一定的结论。这几个结论如下：

第一，在同样时间内，在总容量相等的作用器官中（总容量相等，是以体积或能量消耗相等来作定义），天然元件比人造元件所能完成的动作数目，大约要多 10^4 倍。这个系数，是由上面已求得的两个比例数相除而得出来的商数，即 $10^8 \sim 10^9 / 10^4 \sim 10^5$。

第二，这些系数还说明，天然元件比自动机器优越，是它具有更多的但却是速度较慢的器官。而人造元件的情况却相反，它比天然元件具有较少的、但速度较快的器官。所以，一个有效地组织起来的大型的天然的自动系统（如人的神经系统），它希望同时取得尽可能多的逻辑的（或信息的）项目，而且同时对它们进行加工处理。而一个有效地组织起来的大型人造自动机（如大型的现代计算机），则以连续顺序地工作为有利，即一个时间内只处理一项，或至少是一个时间内处理的项目不多。这就是说，大型、有效的天然自动机，以高度"并行"的线路为有利；大型、有效的人造自动机，则并行的程度要小，宁愿以采取"串行"线路为有利（此处请参阅本书第一部分关于并行与串行线路的叙述）。

第三，应该注意，并行或串行的运算，并不是随便可以互相替代的（像我们在前面的第一点结论中，为了取得一个单一的"效率评分"，简单地把天然元件在大小上的有利系数，除以它在速度上的不利系数那样）。更具体地说，并不是任何串行运算都是能够直接变为并行的，因为有些运算只能在另一些其他运算完成之后才能进行，而不能同时进行（即它们必须运用其他运算的结果）。在这种情况下，从串行形式转换为并行形式，是不可能的，或者是只有在同时变化了它的逻辑途径和过程的组织之后才有可能。相反地，如果要把并行形式改为串行，也将对自动系统提出新的要求。具体地说,这常常产生出新的记忆需要,因为前面进行的运算的答案,必须先储存起来,其后的运算才能进行。所以,天然的自动机的逻辑途径和结构,可能和人造的自动机有相当大的区别。而且,看来人造自动机的记忆要求,需要比天然自动机更有系统、更严密得多。

所有这些观点,在我们以后的讨论中,还会再提出的。

第十章 刺激的判据

最简单的——基本的逻辑判据

我现在能够进而讨论在前面叙述神经作用时所作的理想化与简单化了。我当时就曾经指出,在叙述中是存在着这两方面的,而且在前面简化掉的内容,并非都是无关宏旨而是应该给以评价的。

正如前面已指出的,神经元的正常输出,是标准的神经脉冲。它可以由各种形式的刺激诱发出来,其中包括从其他神经元传递来的一个或多个脉冲。其他可能的刺激,是外界世界的一些现象,这些现象是某些特定的神经元特别敏感的(如光、声、压力、温度等),同时,它们还使这神经元所在的机体发生物理的和化学的变化。我现在从上述第一种情况开始,即从讨论其他神经元传递来的刺激脉冲开始。

在前面曾经观察到,这个特定的机制(由于其他神经脉冲的适当组合而引起的神经脉冲刺激),使我们可以把神经元和典型的基本的数字作用器官相比较。进一步说,如果一个神经元,和两个其他神经元的轴突接触(通过它的突触),而且它的最低刺激需求(即引起一个反应脉冲的最小要求)就是两个同时进来的脉冲,则这个神经元实际上就是一个"与"器官,它进行合取的逻辑运算(文字上就是"与"),因为它只在两个刺激同时作用时才能发生反应。

另一方面,如果上述神经元的最低刺激需求是仅仅有一个脉冲到达就够了,那么,这个神经元就是一个"或"器官,就是说,它进行析取的逻辑运算(文字上就是"或"),因为在两个刺激之中只要有一个发生作用,就能产生反应。

"与"和"或"是基本的逻辑运算。它们和"无"在一起("无"是否定的逻辑运算),就构成基本逻辑运算的完整体系。一切其他的逻辑运算,不管多么复杂,都可以从这三者的适当组合而完成。我在这里,将不讨论神经元怎样能够刺激出"无"运算,或者我们用什么办法来完全避免这种运算。这里所讲的,已经足以说明前面所强调的推论:如此看来,神经元可以当做是基本的逻辑器官,因而它也是基本的数字器官。

更复杂的刺激判据

但是,这还是对现实情况的一种简化与理想化。实际的神经元,作为系统中的一部分,并不是这样简单地组织的。

有一些神经元,在它们的细胞体上,确实只有一两个(或者只有为数不多的几个)其他神经元的突触。但是,更常见的情况却是一个神经元的细胞体上,有着其他许多神经元轴突的突触。甚至有时有这种情况,一个神经元出来的好几个轴突,形成对其他一个神经元的好几个突触。因而,可能的刺激源是很多的。同时,可能生效的刺激方式,比上述简单的"与"和"或"的系统具有更加复杂的定义。如果在一个单独的神经细胞上,有许多个突触,则这个神经元的最简单的行为规律,是只有当它同时地接收到一定的最低要求数目的

（或比这更多的）神经脉冲时，才产生反应。但是，很有理由设想，在实际中，神经元的活动情况，要比这个更加复杂。某些神经脉冲的组合之所以能刺激某一给定神经元，可能不只是由于脉冲的数目，而且是由于传递它的突触的空间位置关系。就是说，我们可能遇到在一个神经元上有几百个突触的情况，而刺激的组合之是否有效（使这神经元产生反应脉冲），不只是由刺激的数目来规定，而且取决于它在神经元的某一特定部位的作用范围（在它的细胞体或树状突起系统上），取决于这些特定部位之间的位置关系，甚至还取决于有关的更复杂的数量上和几何学上的关系。

阈　　值

如果刺激的有效程度的判据是上面讲过的最简单的一种：（同时地）出现最低需求数目的刺激脉冲，那么，这个最低需求的刺激数目叫做这个神经元的**阈值**。我们经常用这种判据（即阈值），来叙述一个给定神经元的刺激需求。可是，必须记住，刺激的需求并不限于这个简单的特性，它还有着比仅仅是达到阈值（即最小数目的同时刺激）复杂得多的关系。

总　和　时　间

除此之外，神经元的性质，还会显示出其他的复杂性，这是仅仅用标准神经脉冲叙述刺激-反应关系时所没有讲到的。

我们在上面讲到的"同时性",它不能也不意味着实际上准确的同时性。在各种情况下,有一段有限的时间——**总和时间**,在这段时间内到达的两个脉冲,仍然像它们是同时到达的那样作用。其实,事情比这里所说的还要复杂,总和时间也可以不是一个非常明确的概念。甚至在稍为长一点的时间以后,前一个脉冲仍然会加到后一个紧接着的脉冲上面去,只不过是在逐渐减弱的和部分的范围内而已。一序列的脉冲,即使已超出总和时间,只要在一定的限度内,由于它们的长度,其效应还是比单独的脉冲大。疲乏和恢复现象的重叠,可以使一个神经元处于非正常的状态,即:它的反应特性和它在标准条件下的反应特性不同。对所有这些现象,已经取得了一批观察结果(虽然这些观察是或多或少地不完全的)。这些观察都指出,单个的神经元可能具有(至少在适当的特殊条件下)一个复杂的机制,比用简单的基本逻辑运算形式所作出的刺激-反应的教条式叙述,要复杂得多。

接收器的刺激判据

除了由于其他神经元的输出(神经脉冲)而引起的神经元刺激之外,对于其他神经元刺激的因素,我们只需要说几件事情。正如已经讨论过的,这些其他因素是外部世界的现象(即在机体表面的现象),对这些现象,某些特定的神经元是特别敏感的(如光、声、压力、温度等),并在这神经元所在的机体内引起物理的与化学的变化。对其他神经元的输出脉冲能作出反应的神经元,通常叫做**接收器**。但是,我们可以更适当地把能够对其他刺激因素作出反应的神经元,也叫做**接收器**。并且对这两类范畴的神经元,分别称为**外**接收器和**内**接收器以示区别。

从上述情况,刺激判据的问题又重新发生了。现在,需要给出在什么条件下,神经脉冲的刺激才发生作用的判据。

最简单的刺激判据,仍然是用**阈值**表示的判据,这就是前面讲过的由于神经脉冲而引起的神经元刺激的情况。这就是说,刺激的有效性之判据,可以用刺激因子的最小强度来表示。比如,对于外接收器来说,这种判据是光照的最小强度,或在一定的频率带内所包含的声能的最小强度,或过压力的最小强度,或温度升高的最小强度等等。或者,对内接收器来说,是临界化学因素集中的最小变化,相关物理参数值的最小变化等等。

但是,应该注意,阈值的刺激判据,不是唯一可能的判据。在光学现象中,许多神经元所具有的反应,是对光照度变化的反应(有时是从亮到暗,有时是从暗到亮),而不是对光照度达到的特定水平。这些反应,可能不是一个单独的神经元的,而是在更复杂的神经系统中神经元的输出。我不拟在这里详细讨论这个问题。观察上述已有的论据,已足以指出,对接收器来说,阈值的刺激判据,不是在神经系统中唯一的判据。

现在,让我重复一下上面所讲的典型例子。我们都知道,在感光神经中,某些神经纤维不是对光照的任何特定(最小)水平作出反应,而是只对水平的变化产生反应;就是说,在某些神经纤维中,是由于从暗到亮发生反应,有些则是由于从亮到暗发生反应。换句话说,形成刺激判据的,是水平的增长或减低,即水平的微商之大小,而不是水平本身之高低。

神经系统的这些"复杂性"对神经系统功能结构及对功能的作用,看来应当在这里讲一下。有一种看法是:我们很可以想象,这些复杂性没有起到任何功能上的作用。但是,我们应该更有兴趣地指出,我们可以想象这些复杂性有着功能上的作用。应该对这些可能性说几点。

我们可以设想,在基本上是按数字原则组织的神经系统中,上述复杂性会起着"模拟"的作用,或至少是"混合"式的作用。曾经有人提出,由于这些机制,有着更为奥妙的综合的电效应,可能对神经系统的功能发生影响。在这里,某些一般的电位起着重要的作用,神经系统则按电位理论问题的解答而作出反应。这些问题比通常用数字判据、刺激判据等来描述的问题,具有更基本的、不那么直接的性质。由于神经系统的特性仍然可能基本上就是数字性质的,因此,上述这些效应如果真是存在的话,它们会和数字效应相互作用;这就是说,它可能是一种"混合系统"的问题,而不是一个纯粹的模拟系统的问题。好几位作者很热心地沿着这个方向作出种种推测,如果在一般文献中,应该引述这些作者的工作;但是,在这里,我就不准备用专门术语来进一步讨论这个问题了。

上述的这种类型的复杂性,如果像前面讲过的那样,用基本作用器官的数目来说,可以说,一个神经细胞不只是一个单一的基本作用器官;计算这些作用器官数目的任何有意义的努力,都使我们认识这一点。很明显地,甚至比较复杂的刺激判据,也具有这个效应。如果神经细胞被细胞体上各突触的一定组合的刺激所作用(而不是被别的形式的刺激所作用),那么,基本作用器官的数目,必须推定为突触数目,而不是神经细胞的数目。如果上述"混合"型的现象被进一步地澄清了,这种作用器官数目的计算还要更困难一些。用突触的数目来代替神经细胞的数目,会使基本作用器官的数目增加相当大的倍数,比如 10 倍到 100 倍。这种情况,当我们考虑基本作用器官的数目时，是应该记住的。

　　虽然，我们现在已经讲过的各个复杂性，可能是不相关的，但是，它们会给系统带来部分地模拟的性质，或者一种混合的性质。在任何情况下，这些复杂性都会增加基本作用器官的数目，如果这个数目是由任何相当的判据所决定的话。这个增加，可能是大约 10 倍到 100 倍。

第十一章　神经系统内的记忆问题

我们的讨论,直到现在,还未考虑到一种元件,它在神经系统中的存在是具有相当根据的,如果不是已经肯定了的话。这种元件在一切人造计算机中起着极其重要的作用,而且它的意义,可能是原则上的而不是偶然的。这种元件就是**记忆**。因此,我现在要讨论在神经系统中的这个元件,或者更准确地说,是这个组件。

刚才说过,在神经系统内,存在着一个记忆部分(或者,也可能是几个记忆部分)。这是一种推测和假设,但是,我们在人造计算自动机方面的所有经验,都提出了和证实了这个推测。同样,在讨论开始时,我们应该承认,关于这个组件(或这些组件)的本质、物理体现及其位置,都还是一个假说。我们还不知道,从实物上来看,神经系统中的记忆器官究竟在哪里?我们也不知道,记忆是一个独立的器官呢,还是其他已知器官的特定部分之集合?它也许存在于一个特殊的神经系统中,而且这可能是一个相当大的系统。它可能和细胞体的遗传学机制有某些关系。总而言之,我们对记忆的本质及其位置,现在仍然是无知的,像古希腊人以为心脏在横膈膜里面一样无知。我们所知道的唯一事情,就是在神经系统中,一定有着相当大容量的记忆;因为很难相信,像人类的神经系统这样复杂的自动机,怎么能够没有一个大容量记忆。

估计神经系统中记忆容量的原理

让我谈一下这个记忆可能有的容量。

对于人造自动机(如计算机),已经有了相当一致的确定记忆"容量"的标准方法。因此,把这个方法推广到神经系统上面来,看来也是合理的。一个记忆,能够保持一定的最大数量的信息,而信息都能够转换成为二进位数字的集合,它的单位叫做"位"(bit)*。对一个能够保存一千个十进制的 8 位数目字的记忆,我们说,它的容量是 $1000 \times 8 \times 3.32 \cong 2.66 \times 10^4$ 位。因为一个十进制数字,大体相当于 $\log_2 10 \cong 3.32$ 位(上述十进制数字转换为位的方法,是由 G. E. 申南 [G. E. Shannon]和其他学者在关于信息论的经典著作中建立的)。很明显,十进制的三位数字,大约相当于 10 位,因为 $2^{10} = 1024$,这个数近似于 10^3(故按此计算,一个十进制数字,大致相当于 $\frac{10}{3} \cong 3.33$ 位)。所以,上例中记忆的容量是 2.66×10^4 位。根据同样的推理,一个印刷体或打字机体字母的信息容量是 $\log_2 88 \cong 6.45$ 位(一个字母,有 $2 \times 26 + 35 = 88$ 个选择。式中的 2 是表示大写或小写两种可能;26 是字母的数目;35 是常用的标点符号、数学符号和间隔的数目。当然,上述这些数目是和信息的文字内容有关系的)。所以,一个保持一千个字母的记忆,其容量即为 $6450 = 6.45 \times 10^3$ 位。按照同样的概念,对于更复杂的信息的记忆容量,也是可以用这个标准信息单位——位来表示的,比如对几何形状的记忆容量(当然,给定的几何形状必须具有一定

---

* bit,即二进制的位,在计算技术名词中简称为"位"。——译注

程度的准确并且是肯定了的），或对颜色差别的记忆容量（其要求与上述对几何形状的相同）等等。按照上述原理，我们就可以运用简单的加法，计算各类信息的各个组合数目，从而规定它们的记忆容量。

运用上述规则估计记忆容量

一台现代计算机所需要的记忆容量，一般约在 10^5 位到 10^6 位的数量级上。至于神经系统功能所需要的记忆容量，据推测要比计算机的记忆容量大得多。因为我们在前面已经看到，神经系统是比人造自动机（如计算机）大得多的自动系统。神经系统的记忆容量，比上面这个 10^5 位到 10^6 位的数字究竟要大多少，我们现在还很难说。但是，提出一些粗略的定向性的估计，还是可以做得到的。

一个标准的接收器，大约每秒可以接受 14 个不同的数字印象，我们可以把它算做是同样数目的位（即 14位）。这样，假定 10^{10} 个神经细胞都是在适当情况下作为接收器（内接收器或外接收器），则每秒钟的信息总输入为 14×10^{10} 位。我们还进一步假定，在神经系统中并没有真正的遗忘，我们所接受的印象会从神经活动中的重要领域里（即注意力中心）转移出去，但是它并没有真正被完全抹去（关于这个假定，已经有了一些证据）。那么，我们就需要估计一个通常的人类的生活期间，比如说，我们算这个期间是 60 年吧，这就是 2×10^9 秒左右。按照上节的推算方法，在这期间需要的总记忆容量则为：$14 \times 10^{10} \times 2 \times 10^9 = 2.8 \times 10^{20}$ 位。这个容量，比我们承认的现代计算机的典型记忆容量 10^5 位到 10^6 位大得多了。神经系统的记忆容量比计算机超过这么多的数量级，看来也不是不合理的，因为我们在前面已经观察到，神经系统的基本作用器官的数目，与计算机的相比，也是超过许多个数量级的。

记忆的各种可能的物理体现

记忆的物质体现，还是一个未解决的问题。对于这个问题，许多作者提出了许多不同的解答。有人假设，各个不同神经细胞的阈值（或者更广泛地说，刺激判据），是随时间而变化的，它是这个细胞的以前历史的函数。因此，经常使用一个神经细胞，会降低它的阈值，就是说，减低它的刺激需求，等等。如果这个假设是真的话，记忆就存在于刺激判据的可变性之中。这无疑是一种可能性，但是我在这里不准备去讨论这个问题。

这个概念的一个更强烈的表现，是假定神经细胞的连接（即传导轴突的分布）随时间而变化。这就意味着以下的状况是存在的。一个轴突如果长久废弃不用，在后来用时就会不发生作用了。另一方面，如果很频繁地（比起正常使用来说）使用一个轴突，那么，就会在这个特定的途径上形成一个有着较低的阈值（过敏的刺激判据）的连接。在这种情况下，神经系统的某一部分就会随时间及其以前的历史而变化，这样，它自己就代表着记忆。

记忆的另一种形式，它是明显地存在的，是细胞体的遗传部分：染色体以及组成它的基因显然是记忆要素，它们的状态，影响着并在一定程度上决定着整个系统的功能。因此，可能存在着一个遗传的记忆系统。

此外,可能还有一些其他的记忆形式,其中的一些也是似乎颇有道理的。在细胞体的一定面积上,有某些特殊的化合物,它们是可以自我保持不变的,这也可能是记忆的要素。人们可以设想,这是一种记忆,如果他认为有遗传的记忆系统的话。因为在基因中存在的这些自我保持不变的性质,看来也可以位于基因之外,即在细胞的其他部分。

在这里,我就不列举所有这些可能的推测了,虽然这些其他的许多可能性,和上面所说的可能性具有相等的、甚至是更多的道理。我只在这里指出,虽然我们还不能找到记忆究竟在神经细胞的哪一些特殊部分,但是,我们仍然能够提出记忆的许多种物理体现,而且这些推断都有着不同程度的理由。

和人造计算机相比拟

最后,我应该说明,各个神经细胞系统,彼此通过各个可能的循环途径相互刺激,也可以构成记忆。这就是由作用要素(神经细胞)做成的记忆。在我们的计算机技术中,这类记忆是常常使用的,并且具有重要意义。事实上,它还是首先在计算机上采用的一种记忆形式。在真空管型的计算机中,"触发器"就是这种记忆的元件。这些触发器是成对的真空管,相互起着开关和控制的作用。在晶体管技术中,实际上还在其他各种形式的高速电子技术中,都允许和要求使用这些像触发器一类的组件,这些组件,正如早期真空管计算机中的触发器一样,也可以作记忆要素之用。

记忆的基础元件不需要和
基本作用器官的元件相同

必须注意，神经系统使用基本作用器官作为记忆元件，是不适宜的。这样的记忆，可以标志为"用基本作用器官组成的记忆"，它从各方面的意义来说，都是很浪费的。但是，现代的计算机技术却是从这样的装置开始的。第一台大型的真空管计算机 ENIAC 的第一级记忆（即最快和最直接的记忆），就是完全运用触发器的。然而，ENIAC 虽然是很大型的计算机（有 22000 个真空管），但从今天的标准来看，它的第一级记忆的容量却很小（只保持几打 10 位的十进制数字）。这样的记忆容量，只不过相当于几百个位，肯定小于 10^3 位。今天的计算机，为要在计算机的规模和记忆容量之间保持适当的平衡，它大体上有 10^4 个基本作用元素，而记忆容量则为 10^5 至 10^6 位。达到这个要求，是靠运用在技术上与基本作用器官完全不同的记忆方式。真空管的或晶体管的计算机，它的记忆都是用一种静电系统（阴极射线管），或者用经过适当布置的大量的铁磁芯等。在这里，我将不作出这些记忆方式的完全分类，因为还有其他的重要的记忆方式，很不容易归入这些分类，比如，声延迟式、铁电体式、磁致伸缩延迟式等等（这里所列举的方式，还可以大大增加）。我在这里只不过企图指出，记忆部分所使用的元件，是和基本作用器官的元件完全不同的。

上述这些事实，对于我们理解神经系统的结构，看来是非常重要的。这个问题，现在还是基本上没有得到解答。我们已经知道神经系统的基本作用器官（神经细胞）。所以，我们很有理由相信，一个容量很大的记忆是和这个系统联合在一起的。但是，我们应该极大地强调，我们现在还不知道，神经系统的记忆基本元件，它们的物理实体究竟是什么形式的。

第十二章 神经系统的数字部分和模拟部分

我们在上面已经指出神经系统记忆部分的若干深入广泛的根本问题，现在最好是进而讨论其他的题目了。但是，对于神经系统中尚不清楚的记忆组件，还有一个比较次要的方面，应该在这里说几句。这就是关于神经系统中模拟部分与数字部分（或"混合"部分）间的关系。对于这些问题，我将在下面作一个简短的、不完备的补充讨论，然后，我们就进入与记忆无关的问题的探讨了。

在这里，我想观察的问题是：在神经系统中的过程，它的性质可以变化，从数字的变为模拟的，从模拟的又变回来成为数字的，如此反复变化，这是我们在前面指出过的。神经脉冲（即神经机制中的数字部分），可以控制这样一个过程的特别阶段：比如某一特定肌肉的收缩或某一特定化学物质的分泌。这个现象，是属于模拟类型的，但它可能是神经脉冲序列的根源：由于适当的内接收器感受到这个现象而发生脉冲。当这样的脉冲发生之后，我们又回到过程的数字方面来了。刚才说过，从数字过程变为模拟过程，又从模拟过程变回到数字过程，这样的变化，可以往复好几次。所以说，系统中的神经脉冲部分，其性质是数字的；而系统中化学的变化或机械的位置变化（由于肌肉收缩），则是属于模拟的性质，这两者互相变换，因而使任何特定的过程带上混合的性质。

遗传机制在上述问题中的作用

在上面所讲的过程中，遗传现象起着特别典型的作用。基因本身，很显然地是数字系统元件的一部分。但是，基因所发生的各个效应，包括刺激形成一些特殊的化学物质，即各种特定的酶（它是基因的标志），而这却是属于模拟的领域的。这就是模拟和数字过程的相互变化的一个特别显著的例子。也就是说，基因可以归入模拟和数字交互变化类型中的一个因素；这个更广阔的类型，我们在上节中已经更概括地谈过了。

第十三章 代码及其在机器功能 的控制中之作用

让我们现在转入记忆以外的其他问题。我要讲的是组织成逻辑指令的某些原理。这些原理，在任何复杂自动系统的功能中，都是相当重要的。

首先，我要引入讨论这个问题所需要的一个术语。使一个自动机能够承接并按此完成若干有组织的任务的逻辑指令系统，就叫做**代码**。所谓逻辑指令，是指像在适当的轴突上出现的神经脉冲之类的东西，事实上，这可以指任何诱发一个数字逻辑系统（如神经系统）并使它能够重复地、有目的地作用的东西。

完全码的概念

在讲到代码时，下列的代码的区分问题就突出来了。一个代码，可以是**完全的**，用神经脉冲的术语来说，它规定了一序列的脉冲和发生脉冲的轴突。这种完全码，完全规定了神经系统的一定的行为，或者，正如上面比较过的那样，规定了相应的人造自动机的一定行为。在计算机中，这些完全码是许多指令组，它给出了一切必要的规则。如果自动机要通过计算解出一个特定的问题，它必须由一套完全码来控制。现代计算机的运用，要依仗使用者的一种能力：发展和规定出任何给定问题（这个问题是要这个机器解算的）所必需的完全码。

短码的概念

和完全码相对的，还存在着另一类代码，我们最好把它叫做**短码**。它是根据以下的概念形成的。

英国的逻辑学家 R. 图灵在 1927 年证明（在图灵以后，许多计算机专家把图灵的原理以各种特定方法用于实践）：有可能发展一种代码指令系统，这种指令能够使一个计算机像另一个特定的计算机那样操作。这种使一个计算机**模仿**另一个计算机的操作的指令系统，就叫做**短码**。让我们现在稍为具体地来讨论这些短码的发展及其运用的典型问题。

我已经讲过，一个计算机是被代码、符号序列（通常是二进制符号，即一序列位）所控制的。在任何支配某特定计算机的运用的指令中，必须明确：哪些位（一序列的信息）是机器的指令，这些指令将使机器做些什么？

对于两个不同的计算机来说，这些**有意义**的位序列（二进制信息序列）是不必相同的，它们对于各自相应的计算机运算的作用，也是可以完全不相同的。所以，如果对一个机器，给以一组专用于另一个机器的指令，这样，对这个机器来说，这些指令就是**无意义的**（至少是部分地无意义的）。也就是说，这些信息序列，对于这台机器来说，是不完全属于**有意义**的信息序列的范围。或者，如果这台机器"服从"这些无意义的指令时，这些指令会使它作出在原来设计为解出某一问题的组织方案以外的操作。一般来说，它将使这台机器不能进行有目的的操作；这种操作是解决一个具体的、有组织的任务，即解出需要解算的问题的答案所要求的。

短码的功能

按照图灵的方案，一个代码，如果要使一台机器像另一台特定的机器那样操作的话（即：使前者**模仿**后者），必须要做到以下各点。它必须包括这样的指令（指令是代码的进一步的具体细节，这个指令是这台机器所能理解并有目的地服从的），它能够使机器检查每一个收到的指令，并决定这个指令是否具有适用于第二台机器的结构。它必须包括足够的指令（用第一台机器的指令系统表达），使这台机器发生动作，这些动作，和第二台机器在这一指令影响之下发生的动作相同。

上述图灵方案的一个重要结果是：用这个方法，第一台机器可以模仿**任何**其他一台机器的行为。这种使机器跟着另一台机器做的指令结构，可能和第一台机器所实际包含的一种特性完全不同。就是说，这种指令结构的性质，实际上可以比第一台机器所具有的性质复杂得多，即：第二台机器的指令中的每一个指令，可以包括第一台机器所完成的许多次运算。它可以包括复杂的、重复的过程和任何多次的动作。一般来说，第一台机器在任何时间长度内和在任何复杂程度的可能的指令系统控制之下，能够完成任何运算，只要这些运算是由"基本"的操作构成的就成（所谓基本的操作，就是指基础的、非复合的和原始的操作）。

把这种派生的代码，叫做短码，是由于历史的原因。这些**短码**，当初是作为编码的辅助方法发展起来的。由于

需要给一台机器编出比它自己本来的指令系统更简短的
代码,因此,就用这样的处理方法:把它当做一台完全不同
的机器,这台机器具有更方便的、更充分的指令系统,它能
允许更简单、不那么琐碎的、更直率的编码。

第十四章　神经系统的逻辑结构

现在,我们的讨论最好再引向其他复杂的问题。我前面讲过,这就是和记忆或和完全码与短码无关的问题。这些问题,是有关于任何复杂自动系统(特别是神经系统)的功能中逻辑学和算术的作用。

数字方法的重要性

这里要讨论的一个相当重要的问题,是这样的:任何为人类所使用,特别是为控制复杂过程使用而建造起来的人造自动化系统,一般都具有纯粹逻辑的部分和算术部分,也就是说,一个算术过程完全不起作用的部分和一个算术过程起着重要作用的部分。这是由于这样的事实:按照我们思维的习惯和表达思维的习惯,如果要表达任何真正复杂的情况而不依赖公式和数字,是极其困难的。

一个自动化系统,要控制像恒定的温度、或恒定的压力、或人体内化学平衡等类型的问题,如果一个人类的设计者要把这些任务列成公式时,他就必须运用数字的等式或不等式来表达这些任务。

数字方法和逻辑的相互作用

而在另一方面,要完成上述任务,又必须有和数字关系无关的方面,即必须有纯粹的逻辑方面。这就是某些定性的原理,包括不依赖数字表达的生理反应或不反应,比如我们只需要定性地叙述:在什么环境条件的组合下,会发生什么事件,而哪些条件的组合,则是不需要的。

预计需要高准确度的理由

上述叙述说明,神经系统,当被看做是一个自动系统时,肯定具有算术的部分和逻辑的部分,而且算术的需要,和逻辑的需要同样重要。这意味着说,在研究神经系统时,从一定意义上来说,我们是和计算机打交道,同时,用计算机理论中熟悉的概念来讨论神经系统,也是需要的。

用这样的观点来看,立刻就会出现以下的问题:当我们把神经系统看做是一台计算机时,神经系统中的算术部分,需要有什么样的准确度呢?

这个问题之所以极为重要,是由于以下理由:所有我们在计算机上面的经验都证明,如果一台计算机,要处理像神经系统所处理的那些复杂的算术任务,很明显,计算机必须要由准确度水平相当高的装置组成。原因是计算的过程是很长的,在很长的计算过程中,各个步骤的误差不但会相加起来,而且,在前面的计算误差还会被后面的各个部分所放大。因此,计算机所需要达到的准确度水平,要比这个计算问题的物理本质所要求的准确度水平高得相当多。

因此,人们可以作出这样一种推测:当神经系统被看做是一台计算机时,它必须有算术的部分,而且,它必须以相当高的准确度来进行运算。因为在我们所熟悉的人造计算机中,在复杂的条件下,准确度需要达到 10 位或 12 位的十进制数字,这还是不算过分的。

上面这个推测结论,肯定是不合道理的。虽然这样,或者说正是由于这样,我们值得把这样的推论提出来。

第十五章　使用的记数系统之本质：它不是数字的而是统计的

前面已指出过，我们知道了神经系统怎样传送数字材料的一些事情。它们通常是用周期性的或近似周期性的脉冲序列来传送的。对接收器施加的每一个强烈的激励，会使接收器在绝对失效限度过去之后每次很快地作出反应。一个较弱的激励，也将使接收器以周期性或近似周期性的方法来反应，但是反应脉冲的频率比较低，因为，在下一个反应成为可能之前，不仅要等绝对失效限度过去，而且甚至要一定的相对失效限度过去之后才能再有反应。因此，定量的激励之强度，是由周期性的或近似周期性的脉冲序列来表示的，而脉冲的频率，则恒为激励强度的单调函数。这是一种信号的调频系统，信号强度被表达为频率。这些事实，人们在视觉神经的某些神经纤维中直接观察到了，同时，在传送关于压力的信息的神经中，也直接观察到这些现象。

值得注意的是：上面所讲的频率，不是直接等于刺激的任何强度，而是刺激强度的单调函数。这就可以引进各种标度效应，并且可以很方便而恰当地用这些标度来作出准确度的表达式。

应该注意，上面所讲的频率，一般在每秒 50 个至 200 个脉冲左右。

很清楚，在这些条件下，像我们在上面讲到的那种精确度（10 位至 20 位十进制数字！）是超出可能范围的了。因此，神经系统是这样一台计算机，它在一个相当低的准确度水平上，进行非常复杂的工作。根据刚才说的，它只可能达到 2 位至 3 位十进制数字的准确度水平。这个事实，必须再三强调，因为我们还不知道，有哪一种计算机在这样低的准确度水平上却能可靠地、有意义地进行运算的。

我们还要指出另一个事实。上述系统不但带来较低的准确度水平，而且，它还有相当高水平的可靠程度。很显然，在一个数字系统的记数中，如果失掉了一个脉冲，那么，其结果必然是信息的意义完全歪曲了，就是说，成为无意义的。但是，如果上面所讲的这一种类型的系统，即使失掉了一个脉冲，甚至失掉了好几个脉冲（或者是不必要地、错误地插入了一些脉冲），其结果是：与此有关的频率（即信息的意义）只是有一点不要紧的畸变而已。

现在，就产生了一个需要解答的重要问题：对于神经系统，作为计算机，从它的算术结构和逻辑结构的相互矛盾的现象中，我们可以得出什么重要推论来呢？

算术运算中的恶化现象；
算术深度和逻辑深度的作用

上面提出的这个问题，对于曾经研究过在一长串计算过程中准确度的恶化现象的人来说，答案是很清楚的。如上所述，这种恶化，是由于误差叠加起来的**积累**，更重要的是由于前面计算的误差被后面各计算步骤所**放大**了。这种误差的放大，原因在于这些步骤相当多的算术运算是顺次串行的,换句话说,在于运算过程的"算术深度"很大。

许多运算按顺序系列进行的事实,不只是这种程序的算术结构的特点,而且也是它的逻辑结构的特点。这就可以说,准确度的恶化现象,和前面讲过的情况一样,也是由于运算程序的很大的"逻辑深度"而产生的。

算术的准确度或逻辑的可靠度,它们的相互转换

应该指出,正如前面讲过的,神经系统中所使用的信息系统,其本质是**统计**性质的。换句话说,它不是规定的符号、数字的精确位置的问题,而是信息出现的统计性质问题,即周期性或近似周期性的脉冲序列的频率问题等等。

所以,看来神经系统所运用的记数系统,和我们所熟悉的一般的算术和数学的系统根本不同。它不是一种准确的符号系统,在符号系统中,符号的记数位置、符号的出现或不出现等,对消息的意义具有决定性。它是一种另外的记数系统,消息的意义由消息的**统计**性质来传送。我们已经看到,这种办法怎样带来了较低的算术准确度水平,但却得到较高的逻辑可靠度水平。就是说,算术上的恶化,换来了逻辑上的改进。

可以运用的信息系统的其他统计特性

从上面已经讲过的内容,很明显地提出了另一个问题。我们已经说过,一定的周期性或近似周期性的脉冲序

列，传送着**消息**，亦即**信息**。这是消息的显著的**统计**性质。是不是还有其他的统计性质可以同样地作为传送信息的工具呢？

到目前为止，用来传送信息的消息，它的唯一统计性质，就是脉冲的频率（每秒钟的脉冲数），我们已经知道，消息是一种周期性或近似周期性的脉冲序列。

很明显，消息的其他统计特性也是可以被运用的：刚才讲的频率，是一个单一的脉冲序列的性质，但是，每一个有关的神经，都包含有大量的神经纤维，而每一根神经纤维，都能传送许多的脉冲序列。所以，完全有理由设想，这些脉冲序列之间的一定的（统计的）关系，也是可以传送信息的。在这一点上，我们很自然地会想到各种相关系数以及诸如此类的办法。

第十六章 人脑的语言不是数学的语言

继续追踪这个课题，使我们必须探讨**语言**的问题。我曾指出，神经系统是基于两种类型的通信方式的。一种是不包含有算术形式体系的，一种是算术形式体系的。这就是说：一种是指令的通信（逻辑的通信），一种是数字的通信（算术的通信）。前者可以用语言叙述，而后者则是数学的叙述。

我们应该认识：语言在很大程度上只是历史的事件。人类的多种基本语言，是以各种不同的形式，传统地传递给我们的。这些语言的多样性，证明在这些语言里，并没有什么绝对的和必要的东西。正像希腊语或梵语只是历史的事实而不是绝对的逻辑的必要一样，我们也只能合理地假定，逻辑和数学也同样是历史的、偶然的表达形式。它们可以有其他的本质上的变异，就是说，它们也可以存在于我们所熟悉的形式以外的其他形式之中。确实，中央神经系统的本质及其所传送的信息系统的本质，都指明了它们是这样的。我们现在已经积累了足够的证据，不论中央神经系统用什么语言，但是它的标志是：它比我们惯常的逻辑深度和算术深度都要小。下面是一个最明显的例子。人类眼睛上的视网膜，对于眼睛所感受到的视像，进行了相当的重新组织。这种重新组织，是在视网膜面上实现的；或者更准确地说，是在视觉神经入口的点上，由三个顺序相连的突触实现的；这就是说，只有三个连续的逻辑步骤。在中央神经系统的算术部分所用的消息系统中，其统计性质和它的低准确度也指出：准确度的恶化（前面已经讲过），在这信息系统中也进行得不远。由此可知，这里存在着另外一种逻辑结构，它和我们在逻辑学、数学中通常使用的逻辑结构是不同的。前面也讲过，这种不同的逻辑结构，其标志是更小的逻辑深度和算术深度（这比我们在其他同样条件下所用的逻辑深度和算术深度小得多）。因此，中央神经系统中的逻辑学和数学，当我们把它作为语言来看时，它一定在结构上和我们日常经验中的语言有着本质上的不同。

还应该指出，这里所说的神经系统中的语言，可能相当于我们前面讲过的短码，而不是相当于完全码。当我们讲到数学时，我们是讨论一种**第二**语言，它是建筑在中央神经系统所真正使用的**第一**语言的基础之上的。因此，对评价中央神经系统**真正**使用什么样的数学语言或逻辑语言的观点来说，**我们的**数学的外在形式，并不是完全相当的。但是，上面关于可靠度和逻辑深度、数学深度的评论证明：无论这个系统如何，把我们所自觉地、明确地认为是数学的东西，和这个系统适当地区分开来，这是不会错的。

附录：

冯·诺伊曼评传

胡作玄

（中国科学院数学与系统科学研究院研究员）

· *Appendix* ·

　　冯·诺伊曼是 20 世纪最出名
的数学家之一。可能这主要是由于
他在电子计算机方面的开创性工
作。为此，许多人甚至给他戴上"计
算机之父"的桂冠。虽然计算机的
研究足以使他永垂不朽，但是单凭
这方面来衡量他一生的工作就未免
失之过偏，这只不过是他工作的一
小部分。

约翰·冯·诺伊曼是 20 世纪最出名的数学家之一，这可能主要是由于他在电子计算机方面的开创性工作。为此，许多人甚至给他戴上"计算机之父"的桂冠。虽然计算机的研究已足以使他永垂不朽，但是单凭这方面来衡量他一生的工作就未免失之过偏，这只不过是他工作的一小部分。他在纯粹数学、应用数学、计算数学等许多分支都有重大的也往往是开创性的贡献。

冯·诺伊曼的一生也可以借用本系列丛书中《控制论》《人有人的用处》的作者维纳（Norbert Wiener，1894—1964）的三本传记的书名来概括：两本是维纳的自传：《昔日神童》《我是一位数学家》，一本是别人写的维纳传记《信息时代的隐匿英雄》。冯·诺伊曼的一生是天才的一生，而且前半生的贡献主要是数学，他对数学的贡献有着不可忽视的影响。第二次世界大战爆发后，他参与了原子弹的研制以及电子计算机的研发。后者直接影响了当代社会的发展，冯·诺伊曼无疑是信息时代的英雄。

生　平

一、家世——匈牙利的犹太人

冯·诺伊曼 1903 年 12 月 28 日出生于匈牙利布达佩斯。当时匈牙利是奥匈帝国的一个组成部分。他的家族是犹太裔，父亲马克斯（Max von Neumann，1870—1929）

◀ 1950 年：参观者和部分制造 ENIAC 的人员合影。左边第二个是冯·诺伊曼。

是银行家,1913年被奥地利皇帝封为贵族,于是其姓氏中出现了冯(von)字。这样,匈牙利、犹太人、银行家、贵族就成为冯·诺伊曼身世的主题词。

中国人对匈牙利也许并不陌生,它使我们联想到匈奴。匈牙利人是否为匈奴后裔,史学家仍然有争议,可是有一点很明显,匈牙利虽然地处欧洲大陆的中心,但与欧洲三大主流族群——拉丁族、条顿族(即日耳曼族)、斯拉夫族都毫无亲缘关系,语言也不属于印欧语系。匈牙利人的姓名写法也同中国人一样,是姓在前、名在后,其他大部分欧洲人姓名写法则颠倒过来。

我们很熟悉匈奴的历史。公元1世纪到5世纪,匈奴的一支由中国的北方一直打到欧洲。东汉窦宪伐匈奴,匈奴西徙。他们一溜烟跑了上万里。虽然是汉朝的手下败将,到欧洲可神气了一番。偌大的罗马帝国,连同周围的蛮族,被匈奴打得七零八落。当时匈奴的首领叫阿提拉(Attila,约406—453),被欧洲人称为"上帝之鞭"。阿提拉去世后不久,西罗马帝国灭亡,匈奴人也不知上哪儿去了。

公元500年到1000年,这段历史就不那么清楚了。只是这500年的末期,里海北岸的马扎尔(Magyar)人,移居到欧洲中部,在现在的匈牙利附近定居下来。

公元1000年左右,马扎尔人信仰基督教,这和当时许多中欧、东欧、北欧的民族,如德国人、俄国人、瑞典人、波兰人一样,除了后来被土耳其统治的地方之外,欧洲已全部基督教化。

从那时起,匈牙利的大平原以及北部、西部的丘陵就成为四邻滋扰之地。13世纪,蒙古人来过,幸而没有西进。接着就是土耳其,土耳其人占了匈牙利许多土地,直到18世纪初才全部撤出。16世纪初,奥地利的哈布斯堡王朝也占领了匈牙利的一部分，在 18 世纪初，把整个匈牙利据为己有。那时候，奥地利可是欧洲的四强（英、法、俄、奥）之一。19 世纪中逐渐衰败，其强国地位最后被统一的德国所取代。

普鲁士后来迅速崛起。普奥战争，普法战争以及普鲁士最终统一德国，并把日耳曼诸国的老大——奥地利排除在外，这一切改变了欧洲的命运、改变了奥地利的命运，也改变了匈牙利的命运。所有这些都发生在奥地利皇帝弗兰茨·约瑟夫（Franz Joseph，1830—1916，1848—1916 在位）的身上。他 18 岁当了皇帝，在位近 70 年。尽管如此，一般人并不知道他是何许人也，可是很多人听说过他的皇后——美丽、善良而又薄命的希西（Sissy 即 Elizabeth，1837—1898）公主。希西公主在提高匈牙利的地位上也起着重要作用。

1867 年奥地利和匈牙利成为理论上平起平坐的二元的奥匈帝国，不过奥地利皇帝兼任匈牙利国王。奥地利仍是老大，匈牙利可算是老二，这时的匈牙利比现在大多了，包括现在的斯洛伐克到克罗地亚。这 50 年匈牙利迎来了它的繁荣时期，匈牙利的犹太人也有机会脱颖而出。

说起犹太人，需要长篇的历史叙述他们的不幸遭遇。19 世纪中期，欧洲犹太人由西向东逐步获得"解放"，也就是不再限制他们住在一定的犹太定居区中，以及可以受一定的教育。不过在东欧，特别是俄国，排犹事件屡有发生。19 世纪末到 20 世纪初，对付犹太人使当局大伤脑筋。1906 年俄国的财政大臣说，犹太人太机灵，以至于常常超越限制他们的任何法律。于是当局采取"三三制"的方法：让 1/3 犹太人皈依东正教，把 1/3 犹太人驱逐出境，把另外 1/3 犹太人杀死。其他国家做法大同小异，只是没有俄国那么残酷。被驱赶的犹太人到哪里去呢？1890年，哪里是犹太人的天堂呢？一个是美国纽约，一个就是匈牙利的布达佩斯。

布达佩斯成为"欧洲的耶路撒冷"看来是挺奇怪的事。实际上，在不同文化中生存是绝对不容易的事。匈牙利的犹太人尤其如此。在中欧，只有匈牙利人抵抗住周围欧洲的文明，特别是日耳曼化，顽强地使匈牙利文化坚持下来，而处在匈牙利人包围之中的犹太人要在这种双重压力下生存则更加艰难。随着匈牙利地位的提升，匈牙利大地主大贵族仍然占有大量的土地，而工业发展为犹太人提供了经商致富的机会，他们成为城市的资产阶级，经营银行、工商业、外贸、各种制造业。富起来的犹太人子弟很快受到很好的教育，成为精英阶层。这样一来，连保守的奥地利皇帝也不得不对他们另眼相看。在一个封建贵族占统治地位的国家，他们靠贵族头衔与有钱人达成妥协，整个19世纪不到100家犹太人受封为贵族，而20世纪的前13年间已有220家受封，冯·诺伊曼的父亲就是其中之一。

匈牙利人，特别是其中占5%的犹太人并没有浪费1867年到1918年这50年的大好时机。这样一个小国家50年间产生出不成比例的文化名人，而其中绝大多数都是犹太人。

这简直是一个奇迹，1900年前后涌现了一大批有国际声望的大科学家："超音速航空之父"冯·卡门（T. von Karman，1880—1963），原子弹的首倡者齐拉（L. Szilard，1898—1964）、"氢弹之父"特勒（Edward Teller，1908—2003）。当然，20世纪最显赫的科学界荣誉莫过于诺贝尔奖了，百年之中，匈牙利裔的科学家获奖6人（作为对比，华裔科学家及日裔科学家各有 6 人获奖），他们是"全息术之父"伽博（Dennis Gabor，1900—1981，1971 年获物理学奖），冯·诺伊曼的好友维格纳（Eugene Wigner，1902—1995，1963 年获物理学奖），因研究维生素 C 而出名的圣·乔奇（Szent-Györgyi von Nagyrapolt，1893—1986，1937 年获生理学或医学奖），发现示踪原子方法的海维希（Georg von Hevesy，1885—1966，1943 年获化学奖），弄清耳朵（具体讲是耳蜗）为什么能听到声音的贝凯西（Georg von Békésy，1899—1972，1961 年获生理学或医学奖），以及耳科学的创立者之一巴拉尼（Robert Bárány，1876—1936，1914 年获生理学或医学奖）。

当然匈牙利也产生了许多其他文化名人。最著名的有诗人裴多菲（Sandor Petöfi，1823—1849），他的诗"生命诚可贵，爱情价更高……"在中国脍炙人口，不过他是老一代的人物了。新一代的人物有作家克斯特勒（Arthur Koestler，1905—1983），他还特别研究天才创造性劳动；西方马克思主义的奠基人卢卡奇（George Lukács，1885—1971）；经济学家卡尔多（Nicholas Kaldor，1908—1986）。有意思的是，匈牙利人的发明往往和一般老百姓密切相关，一个是鲁比克（Erno Rubik，1944—　 ）发明的魔方，在 20 世纪 80 年代风行全世界，圆珠笔也是匈牙利人拜罗（Laszlo Biro，1900—1985）发明的，在英国拜罗不仅是商标的名字，而且还成了圆珠笔的代名词。

国际政治、经济界也逐渐有匈牙利裔人涌现。在当前经济危机中，最著名的"金融大鳄"索罗斯（Soros George，1930—　 ），是匈牙利犹太人，我们不应该忘记他也是捐款最多的慈善家之一。当然，现在的法国总统萨科奇（Sarkozy Nicolas，1955—　 ）也是匈牙利人。至于数学家就更多了，比如古典分析大师费耶（Lipot Fejer，1880—1959），波利亚（George Pólya，1887—1985）、赛格（Gabor Szëgo，1895—1985），泛函分析的缔造者之一里斯（Frigges Riesz，1880—1956），他的弟弟迈克尔·里斯（Marcel Riesz，1886—1969）也是数学分析专家，哈尔（Alfréd Haar，1885—1933）则因哈尔测度而知名，拉多（Tibor Radò，1895—1965）则率先解决极小曲面的问题。此外数论专家爱尔特希（Paul Erdös，1913—1996），瑞尼（Alfréd Renyi，1921—1970）也都是国际知名的第一流的数学家。后来匈牙利仍然一代一代产生出大数学家，如阿贝尔奖获得者拉克斯（Peter Lax，1926—　　）以及现在国际数学联盟主席洛瓦斯（László Lovász，1948—　　）。不管怎么说，冯·诺伊曼是他们中间的佼佼者。

二、天才的成长（1903—1921）

冯·诺伊曼出生时，父亲马克斯已是一位富有的犹太银行家。1913 年，还荣获贵族封号，这成了他们姓中 von（冯）的来源。约翰是马克斯三个儿子中的长子，他的弟弟迈克尔（Michael von Neumann）和尼古拉斯（Nicholas von Neumann）分别于 1907 年和 1911 年出生。他一出世就受到各方面的关心和照顾。他从小就接受家庭教师的教育，很快就掌握了德语和法语。他的父亲十分关心儿子的成长，很早就注意到他智力不同寻常：他有惊人的记忆力、理解力、心算能力、语言能力以及创造才能，的的确确是一个全面的天才。他不只小时是神童，而且许多"超人的"能力一直保持到成年。

他的记忆力简直像照相机，只要看一眼电话号码本，他就能把人名、住址、电话号码记得牢牢的。以至于后来在纽约曼哈顿区，他也根本不用厚厚的电话号码本。当然这也许是机械记忆，不足为奇。可是，他还能把整段、整章的小说背诵得一字不差。

他 6 岁就会心算 8 位数除 8 位数，后来对于公式的运算也能很快在头脑中进行。可是，早在一百多年前，数学家早就不把计算尤其是心算才能当成什么了不起的事了。大数学家庞加莱就常常以自己做加法总要出错而"自豪"。数学才能更多地表现在抽象概念理解力、逻辑推理思维能力，以及解决问题的能力等方面。而在这些方面，冯·诺伊曼也早就显示非凡的能力。8 岁时，他在别的小孩刚上小学学加减乘除的时候就已经掌握了微积分，到 12 岁，他已能读懂法国大数学家波雷尔（E. Borel，1871—1956）的专门著作《函数论》了。

1914 年，也就是第一次世界大战爆发那年，他进路德教会中学学习。这所学校是布达佩斯最好的三所中学之一，学生中近一半是犹太人。没几天，富有责任心的数学老师拉兹（Ladislas Ratz）就告诉马克斯，小约翰的数学才能过人，建议请大学教师个别辅导以全面发展他的天才。经拉兹的介绍，年轻数学家费凯特（M. Fekete，1886—1957）定期到冯·诺伊曼家里进行辅导。在中学快毕业时，费凯特和冯·诺伊曼合作，对布达佩斯大学教授费耶的一个分析定理加以推广，这成为冯·诺伊曼的第一篇论文，当时他还不到 17 岁。后来费凯特本人一直局限在古典分析这个狭窄领域里进行研究，而冯·诺伊曼很快深入到最新的数学——20 世纪的数学——集合论、测度论、泛函分析等新分支中去。还在中学时，他已经开始自学这些课程。

除了数学课之外，冯·诺伊曼还跟同学一起学习其余课程，一起参加各种活动。他功课很好，但也不是门门得 A，制图课他就只得个 B。他体育也不太好，他不太喜欢户外运动，只是冬天偶尔出去滑雪。他喜欢聊天，维格纳比他高一班，他们经常在一起谈数学，一谈起来就没完没了。他喜欢下棋，但也不是老赢。他和大家相处得很好，不骄傲，但和谁也没有过分亲密的关系。这一方面由于他感情从不外露，另一方面也由于他有许多额外精神需要，除了数学，他如饥似渴地读历史。他从小就喜欢历史，小时候就啃德国历史学家翁肯（Wilhelm Oncken，1835—1905）编写的 45 卷《通史》；他对千年拜占庭的历史的熟悉程度只有专家可比；他对美国历史也非常熟悉，有一次去杜克大学开会，他们经过美国南北战争的战场，他对于这场战争的细枝末节都说得一清二楚，使美国人都惊叹不已。他对历史的超人洞察力，对他后来的战略思想至关重要。他还通过阅读文学作品学习语言，年纪很大时，他还能背诵《双城记》中前十几页。而在这些方面，没有游伴能完全满足他，这也许就是所谓"天才的孤独"吧！

1918 年年底，奥地利哈布斯堡王朝覆灭，第一次世界大战以同盟国的失败而告终。1919 年 3 月，贝拉·库恩（Bela Kun）建立起苏维埃革命政府，首先采取的政策就是没收银行。革命还不到一个星期，冯·诺伊曼全家就逃离匈牙利。1919 年 8 月，霍尔蒂在外国军队的干预下，推翻革命政府，建立独裁政权。他们歧视犹太人，歧视知识分子，镇压左翼同情者。冯·诺伊曼一家从国外回来，他继续上学，父亲继续开银行，可是大战以前的好时光一去不复返了。1921 年，冯·诺伊曼参加中学毕业会考，同时获得了厄特沃什（Eötvös）奖。后来，他又在匈牙利的数学竞赛中轻而易举地得到第一名。

有天才的人未必有成就，有成就的人未必有天才。幸运的是，冯·诺伊曼兼具天才和成就于一身。他没有像罗素那样在家自由放任，也没有像维纳那样越级跳班受到许多额外功课的压力。冯·诺伊曼按部就班上中学，在课余吸收了大量的知识。他有如此超强的自学能力，以至于任何书本知识、任何考试对他来说都是小菜一碟。

三、大学时代（1921—1926）

中学毕业后自然要上大学。父亲知道冯·诺伊曼有志于学数学，但是出于未来就业上的原因劝他放弃，匈牙利只需要几位数学家就够了。有钱的犹太人都会培养自己的子弟上大学，但匈牙利的大学资源相对有限，要获得最好的教育，非得去国外的一流大学不可。作为父子妥协的结果，冯·诺伊曼答应到国外攻读化学。布达佩斯大学欢迎他去，入学要的"清白记录"也不成问题。但是，他深知匈牙利并非久留之地，只有德国、瑞士等地才是真正的科学乐园。因此，从1921年中学毕业之后，德国成为他成长的主要地方。

1921年到1925年，冯·诺伊曼在布达佩斯大学注册数学博士研究生，但他从来没有在那听课，只是学期末参加考试。从1921年到1923年，他主要在柏林大学学习化学，而从1923年到1925年主要在瑞士著名的联邦工业学院上课。虽然1925年他在联邦工业学院拿到化学工程文凭，但是他主要听的还是数理方面的课程（如1922年他在柏林听过爱因斯坦统计物理学的课），并同各地数学家交往。当时，他主要受施密特（E. Schmidt，1876—1959）和外尔(H. Weyl,1885—1955)的影响。他们都是希尔伯特的学生,他们的早期工作都受到希尔伯特思想的巨大影响。施密特把希尔伯特的积分方程理论抽象化,后来,这成为希尔伯特空间概念的来源。外尔则是希尔伯特的谱理论的继承人,同希尔伯特一样,外尔对当时新兴的理论物理学极有兴趣,而且致力于把数学应用于解决相对论、量子论及古典物理的问题。冯·诺伊曼的早期工作反映了希尔伯特和外尔的共同之处,他们都相信数学在发现物理学的普遍规律方面作用极大,反过来,物理学也是启发最好的数学思想的源泉。

冯·诺伊曼还直接受到希尔伯特的巨大影响。在大学时期,他有时到格丁根去拜访希尔伯特,这两位相差四十多岁的数学家,常常一起在希尔伯特的花园或书房一起交谈好几个小时。希尔伯特对数学及物理学的公理化思想,以及他当时对数学基础以及对物理学的兴趣都大大影响了冯·诺伊曼并决定了他早期工作的方向。

在1921年到1926年五年中,他并没有放弃数学,相反,他在布达佩斯大学申请做博士生,这个时期主要研究方向是数理逻辑。1926年春天,冯·诺伊曼取得布达佩斯大学博士学位,论文题目是《集合论的公理化》。实际上,他在上大学时期就已经对数学基础进行系统的研究,并发表了几篇论文。

冯·诺伊曼吸收希尔伯特的公理化思想,致力于把集合论的基本概念弄清楚并加以公理化。小小年纪,他就已经深入思考当时这类头等重要的问题了。1923年,冯·诺伊曼发表他在数学基础方面的第一篇文章,这时他还不到20岁。

冯·诺伊曼喜欢公理化的道路,这预示了他今后从事数学研究的主要方法。在这方面，早在 1908 年策梅洛（E. Zermelo，1871—1953）已经提出了一个公理系统，这个系统基本上不错，经过弗兰克尔（A. Fraenkel，1891—1965）等人改进以后成为著名的 ZF 系统，这是集合论中最常用的公理系统。年轻的冯·诺伊曼很欣赏公理化这条路，但是他对策梅洛的公理系统进行了一些根本上的修改。他把论文送到《数学杂志》发表，当时该杂志的编辑施密特要弗兰克尔审稿。冯·诺伊曼还是名不见经传的年轻人，可是弗兰克尔从文章中就看出作者身手不凡。审稿者当时不能完全理解这篇文章，于是邀请冯·诺伊曼到马堡大学来。他们讨论了许多问题。因为原来那篇文章不好懂，弗兰克尔建议他写一篇短文来阐述自己的方法和结果，这就是《集合论的一种公理化》，1925 年发表在弗兰克尔担任编辑的《纯粹与应用数学杂志》上。而原来的论文《集合论的公理化》一直到 1928 年才问世。这些论文也是他 1926 年在布达佩斯大学的博士论文的基础。

当时，关于数学基础的论战非常热闹，冯·诺伊曼坚决支持希尔伯特的形式主义路线，反对逻辑主义和直觉主义。1930 年，在德国哥尼斯堡的会议上，冯·诺伊曼对形式主义做了系统总结报告。希尔伯特提出了证明算术及分析的无矛盾性的计划，冯·诺伊曼完成了在特殊情形下的算术无矛盾性的证明，但分析的无矛盾性的证明总也没有成功。冯·诺伊曼那时每天工作到深夜，上床睡觉之后还常常半夜醒来。有一次他梦见他有办法克服全部困难，于是起身写下来。不过最后他还是发现一个漏洞补不起来。他后来开玩笑说："数学是多么走运呵，因为我第三个晚上没有做梦。"冯·诺伊曼关于数理逻辑的工作对以后计算机及自动机理论有着不可忽视的影响。

四、德国的数学中心(1926—1930)

　　冯·诺伊曼关于数学基础方面的工作受到希尔伯特的注意。1926 年年初,希尔伯特向洛克菲勒基金会提出申请,资助冯·诺伊曼到格丁根来。负责人照例看资格行事,这位还没有拿到博士学位的 22 岁的年轻人当然不在考虑之列。后来由于库朗(R. Courant,1888—1972)教授的帮助,1926 年秋天,冯·诺伊曼到格丁根当希尔伯特的助手。这使他在学术方向上有了一个大变化。当时正是量子力学光辉的开创时期,在格丁根这个量子力学的中心之一,谁又不被这门新兴物理学所吸引呢?希尔伯特也不例外,他对物理学早就有兴趣,他的目标就是把物理学公理化,不管是经典物理学还是相对论与量子论。他原想请冯·诺伊曼同他一起搞自己的元数学纲领(即希尔伯特计划),可是冯·诺伊曼又何尝像希尔伯特的另一些助手和学生一样而只能搞某一方面的问题呢?到了格丁根,他来了一个小小的改行,这次改行正如他以后的每次改行,都给数学带来丰硕的成果。1925 年海森伯的矩阵力学和1926 年薛定谔的波动力学的创立标志量子力学的诞生。物理学家热烈地争论基本的物理概念,而除了少数人(如泡利、玻恩等)之外,他们的数学修养还不足以给量子力学很好的数学表述。玻恩说,1924 年大多数物理学家连矩阵也没听说过。而薛定谔方程,就连薛定谔本人一开始也不会解。虽然早已有了数学工具,但是需要有数学家弄好了装到盘子里端上来,否则物理学家就会发明出让数学家感到莫名其妙的东西,如狄拉克的函数。冯·诺伊曼在这时来到格丁根使物理学和数学都大为走运,他给量子力学奠定了数学基础,同时发展了希尔伯特空间的算子理论。这是物理学和数学相得益彰的范例。要是没有冯·诺伊曼,这个过程可能会更曲折,决不会一下子在两方面都成为"经典的"、标准的、指导后来发展的工作。

1926年秋天,希尔伯特主持物理学的讨论班,请海森伯在讨论班上做第一个报告。冯·诺伊曼听完报告之后十分兴奋。他马上同希尔伯特和他的物理学助教诺德海姆(L. Nordheim)一起进行研究。在1926年冬天希尔伯特的讲演基础上,他们发表一篇论文,对于量子力学进行新的数学表述,而数学方面的工作主要是冯·诺伊曼做的。

冯·诺伊曼在量子力学方面的贡献绝不止于数学表述及解数学向题,他对量子力学本身有重要贡献,他引进纯态及混合态的概念,以及统计矩阵这个量子统计力学的主要工具。他支持玻尔等所倡导的哥本哈根解释,深入研究了测量过程,得出一些重要结论,如隐参数不存在。但是,这些准确结果由于不适当的引用而被误解,遭到一些不公正的批评。1932年,他出版了《量子力学的数学基础》一书,总结了他对量子力学数学基础的主要工作。本书是一部经典名著,曾被翻译成英、法、俄、日、西等语言出版。另外,他还对量子统计力学中遍历定理及 H 定理进行研究,这可说是他后来开辟遍历理论的先声。同时,他同维格纳一起对具体的物理向题进行研究。然而,使得冯·诺伊曼受到重视并且获得美国的聘任主要是由于他和维格纳的三篇论文。这三篇论文利用泡利的电子自旋和不相容原理解释了多电子体系的光谱线。其实群论已被数学家外尔等人引入物理学,但物理学家不喜欢这种抽象表述。冯·诺伊曼和维格纳的论文则解释了最基本的实验事实和过去可得到的一些经验公式,这让物理学家很佩服。从

那时起数学在物理学中获得越来越多的应用。到 20 世纪
30 年代中冯·诺伊曼同约当（Pascual Jordan，1902—
1980）、维格纳、小伯克霍夫（Garrett Birkhoff，1911—
1996）一起，对量子力学的代数结构和逻辑结构进行系统
研究，得到诸如约当代数的分支，以及量子逻辑一些新领
域。维格纳评论说，单单冯·诺伊曼在量子力学方面的工
作也足以保证他在当今的理论物理学方面占有卓越的地
位，这的确可以说是历史的结论。

　　但是，在那时，大多数物理学家和数学家对冯·诺伊
曼这一套并不理解。他们习惯于实实在在的具体的数学
和物理，而希尔伯特空间则似乎又太玄乎了。传说希尔伯
特本人曾问他年轻的学生："你说说看到底什么是希尔伯
特空间。"是的，无论是抽象代数还是抽象空间及其算子理
论，思想上都渊源于希尔伯特。可是在 20 世纪 20 年代，
这一套抽象玩意儿确实有些令人敬而远之，让人不是觉得
数学一抽象就空洞得抓不着什么东西，就是觉得这些抽象
数学表面上漂漂亮亮，实际上没什么大用，不必去管它。
库朗和他的学生们就有这样的看法，算子理论能解微分方
程吗？他们对此表示怀疑。可是几年之后，他们才慢慢看
出这套东西的威力，觉得非学不可。到现在冯·诺伊曼所
开创的一切已经成为经典，这些都显示出他的深邃的洞
察力。

　　冯·诺伊曼不仅在数学上有深邃洞察力，对于世界事
务、日常生活的见解也超过常人。1927 年，他到柏林大学
当无薪讲师，在柏林的两年成为他大丰收的时期，每年发
表 10 篇论文。1929 年，他到成立不久的汉堡大学当讲师。
当时德国的大学的教授职位有一定数额，比如格丁根大学
有 4 位数学教授、柏林大学有 4 位、汉堡大学有 3 位，他们

不退休讲师就不能递补。冯·诺伊曼分析了当时的情形，他觉得三五年内，空缺的教授职位只有三四个，而竞争递补的讲师有 60 多人。虽说冯·诺伊曼在当时的工作足以使他出人头地，可是无论如何破格，25 岁左右的年轻人就当正教授，也未免太过了。1929 年年底，席卷全球的经济大萧条更增加了未来职位的不安定感。德国更是前景不妙，历史给像他这样的年轻犹太科学家规定了各种前途：要么留在德国受迫害甚至死在集中营，要么流亡到国外但是会为衣食操劳而使学术荒废。可是冯·诺伊曼比他所有同辈人都更为走运，他总是在最适当的时候在最适当的地方干最适当的工作：20 世纪 20 年代他在世界的数学及物理学中心——德国，而 20 世纪 30 年代他在这个中心行将瓦解时，到了新的中心——美国的普林斯顿。

五、普林斯顿（1930—1938）

20 世纪 20 年代，美国经济已居世界首位，科学发展却远比西欧落后。洛克菲勒搞一个基金会，一些有识之士开始用钱来请学者、名家到美国来讲学，当然定居更好。不过爱因斯坦、海森伯，他们都太留恋欧洲的学术环境了，不愿意来，也有来一阵又回去的。当时美国在聘请学者方面由康普顿（Arthur Holly Compton，1892—1962）负责物理学，维布仑（Oswald Veblen，1880—1960）负责数学，他们在科学研究上各有成就，在振兴美国科学上的功绩更是不可磨灭。由于埃伦费斯特的推荐，1929 年 10 月维布仑向冯·诺伊曼发了聘书，请他到普林斯顿大学讲一个学期"量子理论"，一星期讲两三次。任期为 1930 年到 1933 年，每年一个学期，实际上早在 1931 年他已获得终身教授职位。同时也邀请了他的朋友维格纳。

现在看来,冯·诺伊曼是流亡科学家中最幸运的一位。他不仅及时逃脱了即将毁灭的德国科学圣地,同时又能极大地发挥其所长,直接推动他新的祖国登上世界的巅峰。究其原因,首先是他 20 多岁就出人头地,可是更重要的是,他遇到了伯乐——维布仑,还有一个在关键时刻提供的机会。1928—1929 学年,普林斯顿大学聘请当时最伟大的数学家外尔讲数学物理学,即使从现在看,他也是最合适的人选,他在纯粹数学方面的知识广度几乎无人能与他相比,而且他对最时髦的物理学——相对论与量子力学给出了数学分析。遗憾的是,外尔的行事方式多少是老派欧洲人的风格,在关键时刻往往犹豫不决,错失良机。由于年近 70 岁的希尔伯特行将退休,而接班人也非外尔莫属,谁会为大西洋彼岸的当时绝非一流的美国大学放弃格丁根的职位呢?外尔第一次表示抱歉,他不能继续在普林斯顿教学了。对热衷于振兴美国数学的维布仑来说,这多少有点遗憾。他立即退而求其次,把毛头小伙冯·诺伊曼找来,同时搭配上维格纳。

到美国这个"机会的国土"闯一闯,激发了冯·诺伊曼的热情,况且当时为他提供的津贴一学期 3000 美元加上路费 1000 美元也确实不低(维纳当时一年工资共有 4000美元)。冯·诺伊曼犹疑了一下,没立即答应。他当时还有一些私事要办,一是他父亲刚去世,他的母亲和兄弟希望他回布达佩斯接班,再就是,他准备结婚。过了几天,他从布达佩斯回信正式接受了普林斯顿大学的聘请,从此同美国结下不解之缘。

冯·诺伊曼的婚姻可谓门当户对。新娘是玛丽埃特·科维奇(Kovesi Mariette,1909—   ),她祖父是房地产商,父亲是医学教授。她家的夏季别墅与冯·诺伊曼的比邻而居，因此两人从小认识。她处于社交界的中心，在一次巴黎旅游参观时，为冯·诺伊曼的博学所折服。她答应了冯·诺伊曼的求婚，并打算在 1930 年夏季成婚。由于冯·诺伊曼接受普林斯顿的聘书，因此，他们提前于 1930 年元旦完婚。不过，他们的婚姻并不和谐，冯·诺伊曼是工作狂，总是集中精力思考问题，对凡人琐事心不在焉，这让玛丽埃特觉得"没味"。这位有财产、独立而又自我的女性最终做出另一种选择。冯·诺伊曼的确想挽救这个婚姻，尽管他们的女儿玛琳娜（Marina von Neumann Whitman, 1935— ）于 1935 年诞生，夫妻双方还是分手了，并于 1937 年正式离异。

玛琳娜是冯·诺伊曼唯一的孩子，继承了冯·诺伊曼的基因。她 30 多岁成了尼克松政府的经济顾问（首位女顾问），还当过通用汽车的总裁。据她在冯·诺伊曼的纪念会上讲，她的下一代也都十分出色。可世界何时能降生第二个冯·诺伊曼呢？

1930 年，普林斯顿大学聘冯·诺伊曼当一学期讲师，第二年就升他为教授。以后几年，他每年都回到欧洲，那里的学术环境是美国所没有的。但是，他同后来的欧洲移民不同，他从生活上很喜欢美国的新环境：没有那么多陈规陋习，没有那么多条条框框，美国人比欧洲人热情友好，美国人相信竞争、相信技术，这也投合他的口味。他的新婚太太也非常喜欢美国，他们很快就能适应美国生活并扎下根。几乎没有欧洲学者能像他们那样，就连维格纳呆一段时间也嚷嚷受不了，要回去。冯·诺伊曼人缘很好，夫人又喜欢社交，他的家庭经常是大家聚会的中心，无论老年人、青年人都喜欢同他聊天。冯·诺伊曼从来没有大数学家的傲气,他头脑反应极快,但给人讲解时也很有耐心。

　　1930 年,不仅是冯·诺伊曼生活上的转折点,也是他研究方向发生重要变化的一年。他在普林斯顿大学教了一学期量子力学之后,回到欧洲度假。1930 年 9 月 5 日到 7 日在希尔伯特的故乡哥尼斯堡召开"经验科学的认识论"大会,第一天冯·诺伊曼做了关于形式主义的大会报告。形式主义是当时数学基础的三大派之一(数学基础三大派是罗素的逻辑主义、希尔伯特的形式主义与布劳威尔的直觉主义,其中形式主义与数学关连最为密切)。而真正引起 1930 年数理逻辑革命的是比冯·诺伊曼还年轻的哥德尔(Kurt Gödel,1906—1978)。哥德尔在第三天的会议上讲述了他的完全性定理。但是在私下,他也提到了他的第一个不完全性定理。所有听到此定理的大家对此都没有在意,而冯·诺伊曼立即意识到其划时代的重要性。不久,冯·诺伊曼得出了第二个不完全性定理,便写信告诉哥德尔。哥德尔回信说,他已经得出而且投了稿,于是冯·诺伊曼回信表示他自己就不再发表了。虽然,他与哥德尔对于不完全性定理的哲学解释意见相左,但他始终高看哥德尔。哥德尔没有冯·诺伊曼那么走运,第二次世界大战打起来之后,哥德尔离开纳粹统治的奥地利,冯·诺伊曼写信给维布仑极力推荐哥德尔到普林斯顿来。1940 年,哥德尔到了普林斯顿高等研究院任研究员,但必须每年申请。

　　也是在 1930 年,一家美国著名的零售业(就像现在的沃尔玛,尽管没有那么有名)的两位犹太人老板想把他们的财产回馈给社会。他们原想用这些钱办所医学院,但被研究世界大学状况的费莱克斯纳(Abraham Flexner,1866—1959)劝阻。费莱克斯纳是位真正的爱国者,他看到了当时许多美国大学不怎么样。他认为，美国大学不是太少而是太烂，教师一周上 13～14 小时的课，没有工夫搞科研。于是他说服这两位有钱的慈善家建立高等研究院，而不是再建所医学院。这件事的成功最终改变了爱因斯坦的命运，改变了冯·诺伊曼的命运，也改变了美国科学的命运。顺便提一句，杨振宁、李政道获得诺贝尔奖的工作也是在这里完成的。

1933 年 1 月召开会议确定高等研究院的人员组成时，冯·诺伊曼并没有获得通过。他太年轻了，又不是美国人。第一批教授有两位美国人——维布仑和亚历山大（James Alexander，1888—1971），两位德国人——爱因斯坦和外尔。其实这些都事先商量好了。没想到，就在希特勒上台前 20 天，外尔再次表示抱歉，辞去到手的教授职位，而留在格丁根。他不想离开德国。可是人算不如天算，谁能料到 1933 年 1 月 30 日，希特勒上台，从而改变了整个欧洲历史的进程呢！外尔就没有料到，他再一次错过了机会。幸运的是，这个机会落在了年轻的冯·诺伊曼头上。这样，外尔再一次为冯·诺伊曼提供了空缺，1933 年 9 月普林斯顿高等研究院成立时，他成了教授，一直到 1955 年去华盛顿当官为止。

1933 年，希特勒上台，大批德国科学家被迫离境，许多人到了美国。冯·诺伊曼当时就预言，要是这帮年轻人（指纳粹党徒）再掌两年权（很可能），他们就会把德国科学至少毁掉一代。9 月，从他来时就筹建的高等研究院正式成立，这个研究院完全是仿照德国传统，专为著名学者从事他们的学术活动而建立的。50 年来，它的确成为世界数学的中心之一。而第一批终身教授除了爱因斯坦、维布仑、亚历山大、冯·诺伊曼，另外还有莫尔斯（M. Morse，

1892—1977），加上稍晚加入的外尔。外尔最终不得不于1934年9月来到这里，因为他的妻子是犹太人。冯·诺伊曼比他们年纪小得多，还不到30岁。他真算找到了最合适的工作环境了。

晋林斯顿高等研究院显示当时美国科学的实况，也预示美国科学的未来。第一批教授3对3。3个外国人，3个美国人。3个美国人都是几何拓扑学家，代表着新兴的数学方向，但他们的地位远远不及这3个外国人。爱因斯坦不用说，外尔是继希尔伯特之后国际数学界的领袖人物。外尔应该是20世纪最伟大、最深刻的思想家之一。他不仅在数学上广博而深刻，而且在物理上真正开拓了新天地：

（1）外尔是规范场理论最早的提出者（1918），首先受到爱因斯坦的批评，其后又得到物理学家的理解。杨振宁和米尔斯在1954年再次提出后仍然未受到注意。一直到20世纪70年代，大家才恍然大悟，这个漂亮的规范场理论正好是基本粒子理论的基础。

（2）外尔和维格纳首先把群引入物理学中，物理学家视之为瘟疫，称为群的瘟疫，避之唯恐不及。20世纪40年代之后，物理学家才认识到群论的重要性，群论成为人人都要学的功课。从70年代初起，一年至少开一次群在物理学中的应用的国际研讨会。外尔的书太难懂了，然而万变不离其宗，至今外尔所发展的群论仍然是物理学家研究原子及分子物理学、核物理学，以及基本粒子物理学的不可或缺的工具。无怪乎维格纳说："数学有着不可思议的有效性。"

外尔在数学界的地位就像爱因斯坦在物理学的地位一样，在美国他写了"半个世纪的数学"显示出他的教父形象，他的《对称》更是显示出他对欧洲文化的精通。不过，外尔并不像冯·诺伊曼一样把美国作为第三故乡，也不发表政治方面的意见。二战结束后不久，他就回到瑞士这第二故乡，最后在这里去世。

冯·诺伊曼则不大相同，1937年获得美国国籍之后，成为一位真正的爱国者。在美国的最初十年除了继续在德国开始的工作之外，他又开辟许多新方向，其中特别重要的是遍历理论、拓扑群理论和算子代数理论。

20世纪30年代初，冯·诺伊曼对拓扑群理论作出了卓越贡献。1933年他对紧致群的研究解决了著名的希尔伯特第五问题。

早在1929年，冯·诺伊曼开始算子代数的研究。这方面的研究深受两方面的影响，一方面是爱米·诺特（E. Noether，1882—1935）及阿廷（E. Artin，1898—1962）在20年代后半期关于环论研究的著名工作的影响。另一方面是为量子力学奠定数学基础的必然需要。这样，冯·诺伊曼创立了算子代数这门新的分支。他去世之后，为了纪念他，人们把他首先研究的算子代数（他称为算子环）称为冯·诺伊曼代数。

冯·诺伊曼在纯粹数学方面的工作非常广博，他在当选为美国国家科学院院士时，谈起自己的工作，他认为量子力学的数学基础、遍历理论、算子环理论是他最好的工作。但实际上，他在数学的各个方面都有卓越的贡献。当然，他比20世纪最大的数学家庞加莱、希尔伯特、外尔在广度上稍有逊色，因为他在数论、代数拓扑学、代数几何学、微分几何学等当前热门领域没有做过重要工作。即便如此，他在纯粹数学领域，仍远远超过大多数同时代数学家。无论从什么角度，他都可以跻入20世纪十来位最大的数学家之列。如果仅考虑应用数学,应该说他是超群绝伦的。要知道,20 世纪数学门类繁多、内容复杂,一个人在某一狭窄分支能作出一些贡献就已经不错了。

冯·诺伊曼在纯粹数学方面的工作有其显著的特点,他对现代数学的结构有着明确的认识,善于把复杂的结构分解成为各个组成部分进行分析。他能够把复杂的对象加以系统化、公理化,这反映他能透过纷乱复杂的关系认识到事物的本质的洞察力。

正是由于他佩服哥德尔对数学基础进行的革命性的变革,他完全放弃了已进行了十年的数学基础的研究。当哥德尔长期受到某些人阻拦而不能成为高等研究院终身教授时,他总是打抱不平说:"连我们都是,可是这位亚里士多德以后最伟大的逻辑学家却不是。"1937 年,另一位伟大的逻辑学家图灵(Alan Turing,1912—1954)应邀到普林斯顿访问,冯·诺伊曼想让图灵当他的助手,但图灵没有答应。

冯·诺伊曼同大多数美国数学家关系不错,比如他同维纳关系颇好。1937 年春夏之交,维纳在马里兰州约翰·霍普金斯大学讲演后,回麻省理工学院途中在冯·诺伊曼家待了四天。两个人对数学进行了多方面的讨论,特别讨论了他们都感兴趣的统计力学及遍历理论。由于维纳严格吃素,于是冯·诺伊曼的夫人绞尽脑汁地给他准备丰盛的素餐,这让维纳感到很高兴。他同冯·诺伊曼谈到了他和布什(Vannevar Bush,1890—1974)一起研究的计算机,还谈到一年之前在清华大学的经历。冯·诺伊曼对中国也产生了兴趣,维纳十分热心地为他搭桥,他马上给李郁荣写信,介绍冯·诺伊曼是当今世界上数一数二的数学家、没有国家及种族偏见,他有钱不在乎薪水,够花就成，而且喜欢接近年轻学生，没什么架子。结果却由于卢沟桥事变使冯·诺伊曼难以成行。

冯·诺伊曼没来成中国，波兰的数学家巴拿赫（S. Banach，1892—1945）等人以及要在美国逗留的乌拉姆（S. M. Ulam，1909—1984）邀请他到波兰的里沃夫去讲学。1937 年夏天，冯·诺伊曼到波兰待了几天，他很喜欢波兰数学家在咖啡馆里自由自在地讨论数学的情景。他们在一起愉快地讨论许多问题。当时里沃夫是泛函分析的一个中心，但不久法西斯德国入侵把这一切都化为乌有。

同在 1937 年，冯·诺伊曼自己也遇到不愉快的事。他的夫人带着两岁的女儿离开他，嫁给一位实验物理学家。1938 年夏天，他回请乌拉姆到布达佩斯来玩，他们在一家大餐馆边吃边聊，冯·诺伊曼之前很喜欢开玩笑，过去常常讲，"我好多想法都是因为夫人坐在旁边才想到的"，现在他也没有那份兴致了。这时，他们看见一位打扮入时的女人走过，冯·诺伊曼就去同她搭话。她离开后，冯·诺伊曼说，这是位老相识，最近要离婚了。乌拉姆就说，为什么你不娶她呢？也许这话启发了冯·诺伊曼，他留下来帮她办妥离婚手续，并同她在布达佩斯结婚。过了一年，这位新夫人克拉拉·丹（Klara Dan， —1963）移居普林斯顿，他们的家又成为学者们经常聚会的地方。克拉拉是冯·诺伊曼的贤内助，也是首位计算机程序员。

六、第二次世界大战（1939—1945）

冯·诺伊曼这代人和他前一两代人都经历了两次世界大战，第二次世界大战尤为惨烈。第一次世界大战其实是不期而至，很多人都以为会速战速决。冯·诺伊曼一家在匈牙利实际上没受到多大影响。对于第二次世界大战，不少人都预见到了。冯·诺伊曼更是预测将在 1938 年打起来。结果由于英国首相张伯伦（Authur Neville Champerlain，1869—1940）的绥靖政策，推迟了一年，1939 年 9 月 1 日德国进攻波兰，而美国到 1941 年 12 月珍珠港事变后才参战。

冯·诺伊曼在普林斯顿的安乐窝中从来也没有忘掉周围的世界。他懂得历史，对世界局势有着明确的分析。1935 年年底，波兰年轻数学家乌拉姆到普林斯顿找冯·诺伊曼，他正在同另一位数学家谈政治。冯·诺伊曼对局势很悲观，他觉得战争不可避免。他还看出来苏联是德国的主要对手。乌拉姆对马其诺防线印象很深，就问："那法国呢？"冯·诺伊曼回答："法国不顶事。"时过境迁，谁那么早就对五年后的事情这么了如指掌了呢？

在第二次世界大战爆发时，冯·诺伊曼的研究方向有一个大转弯。如果说在这之前，他的工作主要是纯粹数学，那么这之后，他主要搞的是应用数学。这不能不说是 20 世纪新型数学家的一个重要特点。作为 20 世纪天才的数学家，他和维纳都从纯粹数学走向应用数学，从而比他们前辈数学家发挥出更直接的社会作用。在 1941 年前，他仍然继续在算子代数方面的工作，但注意力已转向流体力学，他在这期间最重要的工作无疑是创立博弈论。他在 1940 年到 1941 年间为博弈论（又称对策论、竞赛论）所做的奠基性工作实际上是 1928 年他证明的"极小极大定理"的继续。20 世纪 30 年代，他对数理经济学有本质的发展。这次他应用了布劳威尔（Luitzen Egbertus Jan Brouwer，1881—1966）不动点定理。这是不动点定理第一次在经济理论上的应用。其后不动点理论和数理经济学都获得大发展，到 50 年代，数理经济学家几乎没有不懂得不动点定理的了。

1940 年，冯·诺伊曼深深感到有必要深入研究博弈论。世界充满了斗争和对抗，无论是军事上、政治上、经济上甚至生活中都莫不如此。他用自己的分析把这种复杂的现象变成一个系统的理论，并对经济进行分析。他同摩根斯顿（Oscar Morgenstern，1902—1977）合作的《博弈论与经济行为》于 1944 年出版。这部 600 多页的巨著是博弈论也是数理经济学的经典著作。它还开辟了应用数学的一大新方向——离散数学的应用，而过去数学的应用一直只是分析数学（连续数学）的应用。

冯·诺伊曼当然也没有忽视对分析数学的应用。无论是飞机设计还是爆炸乃至气象预报，都离不开流体力学。早在 20 世纪 30 年代中期，他就对湍流等问题感兴趣。他深深认识到，流体力学方程组是非线性方程，而当时的解析方法对解非线性方程是无能为力的，甚至定性的结果也得不出。当时他就已经考虑到利用数值方法的必要性，通过快速的数值运算，可以对未来的理论提供丰富的启示，进而提出令人满意的理论。由于计算量庞大，在没有电子计算机的情况下，这一切想法还是无法实现的。不过他在 40 年代初已经进行了多方面的理论研究，并且参与许多军事方面的研究。1940 年就担任陆军阿伯丁试验场弹道实验室顾问。

1941 年 12 月珍珠港事变，美国参战之后，冯·诺伊曼积极投入军事项目的研究。1943 年，他冒着极大危险去英国研究流体力学。他涉及的最为重要的两大事业是制造原子弹和研发计算机，并一直进行到战后。这两项事业后来对整个世界都产生了极其重大的影响，而在当时，几乎没什么人能意识到。

七、制造原子弹(1943—1952)

20 世纪最重要的两项"成就"无疑是原子弹及电子计算机,而亲自参加两者研究并作出巨大贡献的也许只有数学家冯·诺伊曼一人。

比较起来,制造计算机的想法不是什么了不起的创新,然而释放原子能或制造原子弹一直到 20 世纪 30 年代都没什么人有把握,其中许多人决不是凡夫俗子,而是在实现原子弹爆炸的思想之链上的一些顶尖科学家。从历史上看,10 年就从无到有造出许多人连想也不敢想的原子弹和氢弹,这种创造力大概只有上帝造人的奇迹可比。

一切都在 1895 年到 1945 年这短短 50 年间发生。现在很多人都想制造核武器,这对他们来说很容易,可是凡事开头难,许多"第一次"的困难早已被克服,地球上的核弹数目已经足够毁灭地球几十次。

解决这个过去极难现在变得如此容易的问题经过了十大关键步骤。值得一提的是,匈牙利的犹太四人帮(齐拉、维格纳、特勒、冯·诺伊曼)也许起着重大作用。

1. 原子不是不可分的。古典原子论认为,原子是不可分的。1896 年放射性的发现从根本上动摇了原子不可分的假设,谁动摇的?居里夫人?放射性发现以后,的确有人想利用放射能,但这个放射能其实不好利用。在历史上,这其实是一个弯路。

2. 质能公式。1905 年,爱因斯坦建立了狭义相对论,其中一个推论就是质能公式:

$$E = mc^2$$

这是一个纯理论的成就，当时也不太可能进行实验验证。然而它是一切核武器的基础。不过就连爱因斯坦也不相信他的公式这么厉害，他曾表示根本无法从物质中提取能量。

3. 原子的结构。原子既然可分，就得想象原子的模型。卢瑟福（Ernest Rutherford，1871—1937）证明原子有带正电的核以及质子的存在。他还在 1920 年猜想中子的存在。

4. 中子的存在。1932 年英国物理学家查德维克（James Chadwick，1891—1974）发现了中子，这样，轰击原子才有了更好的炮弹。原子裂变才有可能。

5. 链式反应。1933 年匈牙利物理学家齐拉（Szilard）猜想用一个中子轰击原子核，如果能产生两个或两个以上的中子，则可形成链式反应。

6. 用中子轰击原子。有了中子以后，意大利物理学家费米就按照周期表的顺序用中子一个一个地轰击原子，用中子轰击铀时，他以为他发现了"超铀元素"，并因此荣获 1938 年诺贝尔物理学奖。这个错误的喜剧改变了他自己的命运，也改变了世界的命运。他在 1938 年 12 月领奖以后，就带着他的犹太裔妻子劳拉·费米跑到美国，从此成为制造原子弹的核心人物。

7. 发现原子核裂变。就在费米跑到美国去时，德国物理学家哈恩（Otto Hahn，1879—1968）等人用慢中子导致铀裂变，同时发现放出中子，并寻求正确的解释。玻尔等人研究了裂变机制，指出慢中子可引起超铀 235 裂变，预言钚 239 可裂变。

8. 实现可控核裂变。1942 年 12 月费米成功建成世界上第一个核裂变反应堆。其中需要解决的主要技术问题有两个：一个是分离出足够多的裂变物质，例如铀235。至今已发明很多种方法，如离心法，气体扩散法，电磁法。这也是当前许多打算成为核国家的国家所碰到的一个问题。另一个是证明中子慢下来变得可调节，例如用重水，石墨等。

9. 爆弹设计。理论上把两块相当纯度的铀235碰在一起超过临界体积就可以产生自持续的链式反应。但是如何设计，如何引爆就是数学家的问题。冯·诺伊曼在其中起了决定性作用。其实当时有许多理论问题：能不能爆炸？爆炸威力有多大？爆炸威力要是比普通炸弹增加不了太多，当然也没太大用。后来证明，它比普通炸弹大千倍以上。

10. 氢弹。原子弹成功之后，氢弹还是没谱。当时不知道氢弹是否当量太大会把整个大气点燃？首要的技术问题则是如何引爆？1943年，冯·诺伊曼参与洛斯·阿拉莫斯的曼哈顿计划，受到唱主角的物理学家的欢迎。他同奥本海默（Robert Oppenheimer，1904—1967）、费米、特勒等人的关系都不错，维格纳更是他的老朋友。他们认为冯·诺伊曼不仅是位全面的天才，预言家，而且是解决问题的能手。过去冯·诺伊曼是以搞纯粹数学而闻名，可是他对数学分析乃至数字计算十分熟练。他对当时遇到的主要困难——如何引爆原子弹提出自己的建议，结果被实验所证实。他还对提高原子弹的爆炸效果以及有效地配置原料进行估计。这些在当时都是十分关键的。他比一般数学家更能同物理学家进行交流，懂得他们的具体技术细节，并能马上转化成数学问题。甚至领导曼哈顿计划的军人格罗夫斯也喜欢在战术问题上同冯·诺伊曼讨论，因为他的头脑并不只是限于解决一两个局部问题的。

在洛斯·阿拉莫斯，工作非常紧张，冯·诺伊曼的工作常常是进行无止无休的讨论，许多人在黑板上，在纸上进行复杂的推演和计算，冯·诺伊曼却总是在头脑里进行，往往很快就能得出结论。科学家在工作之余有时打扑克来松弛一下神经，冯·诺伊曼也喜欢玩，但是这位博弈论的开创者却常常输钱。有位数学家兴高采烈地谈起他如何如何赢了冯·诺伊曼 10 美元，他知道冯·诺伊曼写了《博弈论与经济行为》，于是花了 5 美元买下这本书，而把另外 5 美元贴在封面里头作为战胜这位博弈论专家的标志！

爱因斯坦极力倡导和平主义，倡导原子弹公开，倡导世界政府，愿望虽好，就是在苏、美两边都不讨好。冯·诺伊曼的预言经常十分准确，他早就说过，苏联肯定要制造原子弹，而且肯定很快就会造出来，果然苏联在 1949 年 9 月已经造出来了。他的确说过，乘苏联还没有造出来，要进行先发制人的打击。不过杜鲁门政府一直想通过政治解决，没敢怎么干。其实，早在原子弹投下之后，洛斯·阿拉莫斯大都人去楼空，但还是有少数人一心想发展氢弹（当时称超级炸弹），最坚持而且取得最后成果的是特勒。不过在当时，除了冯·诺伊曼等几个人之外，没人支持，大多数人反对，尽管他们反对的理由不同。多数人从道德上讲，反对这种大规模杀伤性武器，也有少数科学家出于技术理由反对，也就是做不成，没有可行性，两位顶尖科学家费米和贝特（Hans Bethe，1906—2005）就是如此。更为有意思的是，即便 1950 年 1 月杜鲁门总统正式宣布研制氢弹之后，核心组成员还有唱反调的人。反调并非没有道理，冯·诺伊曼说，特勒的 10 个立意，9 个都是错的，第十个可能还有可取之处。1952 年年初，数学家乌拉姆突破如何由原子弹来点燃氢弹这个困难，冯·诺伊曼用他的计算机验证了可行性，最终这个当时只有 4 个人赞成的方案获得通过。下面的路就一马平川了。1952 年 9 月美国的氢弹试爆成功，特勒因此而获得氢弹之父的美名。不过，正如大家所说，制造氢弹的六步中，特勒完成了五步半，关键的半步得归功于数学家。

八、研发计算机（1944—1955）

尽管冯·诺伊曼在原子弹的研制方面有重要贡献，但究竟是个配角。一个偶然的机会把他引向 20 世纪后半期最重要的科学与技术——研究电子计算机。在这一领域他再一次发挥独创精神，成为计算机科学、计算机技术、数值分析的开创者之一。

1944 年 夏 天，哥 德 斯 坦（Herman Goldstine，1913—2004）从阿伯丁医院出来到火车站等去费城的火车，正巧碰上了冯·诺伊曼。哥德斯坦早就听说过这个世界闻名的大数学家。他怀着年轻人会见大人物那种惴惴不安的心情走近冯·诺伊曼作自我介绍，开始攀谈起来。冯·诺伊曼热情友好，毫无架子，很快就使他不觉得拘束，大胆地谈起自己的工作来。当冯·诺伊曼知道他正在搞每秒能算 333 次乘法的电子计算机时，谈话气氛一下子变了。冯·诺伊曼严肃而认真地询问，使哥德斯坦觉得好像又经历一次博士论文答辩。当然，冯·诺伊曼从中看到了具有头等重要意义的大事。

早在第一次世界大战时期，美国已有马里兰州、阿伯丁试验场的弹道实验室研究火炮的弹道计算。这是武器研发最重要的课题之一。缺少的就是能快速处理大量数据的计算机。1943 年以前，受阿伯丁试验场弹道实验室的委托，建造第一台电子计算机的工作正式在费城宾夕法尼亚大学莫尔学院上马。这就是"电子数字积分计算器"（简称ENIAC）。主要研制者是工程师艾克特（J. P. Eckert，1919—1995）及物理学家莫克莱（J. Mauchly，1907—1980）。冯·诺伊曼急不可耐地想要看看这台尚未出世的机器。他很快就得到同意。艾克特说，他能够从冯·诺伊曼提的第一个问题来判断他是否是位真正的天才。1948年8月初，冯·诺伊曼来了，他一看就问起机器的逻辑结构，而这正是艾克特所谓天才的标志。从那时起，冯·诺伊曼就成为莫尔学院的常客了。他同ENIAC的首批研制者们进行认真而活跃的讨论，问题集中在ENIAC的不足之处。他们考虑研制一台新机器电子离散变量自动计算机（EDVAC）。

1945年3月，冯·诺伊曼起草EDVAC设计报告初稿，其中已有计算机与神经系统的对比，这为后来自动机研究埋下伏笔。这份报告对后来的计算机影响很大，其中主要确定计算机由计算器、控制器、存储器、输入、输出五部分组成，介绍了采用存储程序以及二进制的思想。虽然冯·诺伊曼的参与开辟了电子计算机的新时代，但这台机器却长期停留在纸面上。一直到1952年才正式建成。到此时，存储程序计算机已经造出不少台了。原来到1945年年底，ENIAC完成之后，研制人员就因为优先权问题而争吵起来，莫尔学院的研制小组于是陷于分裂。两位技术专家艾克特和莫克莱自己开公司，从事计算机研制及大规模生产。而冯·诺伊曼，哥德斯坦等回到普林斯顿高等研究院，开始新一轮合作。

九、战后(1945—1957)

1946 年年初,普林斯顿高等研究院由于冯·诺伊曼的归来而热闹起来。在他的影响下,这所原来因从事理论研究而显得很冷清的单位,开展了从计算机的研制到计算机应用的广泛研究。他们建立实验室,请工程师及各种专业人员,形成一个真正的"计算机研究热"。这对计算机的普及影响很大。这种热潮继续了十年左右,由于冯·诺伊曼去华盛顿及哥德斯坦离开,高等研究院恢复了原先的老样子。

在各方的资助下,冯·诺伊曼等首先研制"完全自动通用数字电子计算机",它以高等研究院的缩写 IAS 命名,是现代通用机的原型。1946 年 6 月,冯·诺伊曼的《电子计算装置逻辑结构初步讨论》发表。IAS 在 1951 年夏交付使用,效率比 ENIAC 快几百倍。

显然,冯·诺伊曼脑子里面不完全是技术问题,他念念不忘的是使用计算机,尤其是应用计算机去解复杂的数学问题。他必须在两方面取得进展:一是如何使编程序变得又快又好,一是怎样把数学问题进行数值计算。他对两方面都作出了贡献。

40 年代中期,冯·诺伊曼集中进行自动机理论的研究,到 50 年代中期,自动机理论成为计算机科学中一个非常活跃的分支。

1948 年 9 月,冯·诺伊曼在希克松会议上公布自动机研究工作成果,并于 1951 年发表,题为《自动化的一般逻辑理论》。他特别感兴趣的是复杂自动机,像人的神经系统及大型计算机。在后来的研究中他对于由不可靠元件如何组成可靠的生物体感兴趣。1952 年秋天他开始研究自动机的自复制问题，他设计了一个具有 29 个态的自复制系统。这些手稿一直到 1966 年才公之于世。临终前，他深入比较了天然自动机和人工自动机，没有完成的手稿在 1958 年以《计算机与人脑》出版。

由于冯·诺伊曼在战时的杰出工作，战后，他被授予总统亲自颁发的功勋奖章，以及海军颁发的杰出文职服务奖。

十、参与政治

对于一般的学者，也许只对他的学术成就稍加评述就够了，而对于冯·诺伊曼，这样做就未免有失偏颇。不少人对冯·诺伊曼的政治态度与道德取向有种种非议，然而，只有搞清楚事实并对其影响做出分析才是全面认识他的正确途径。大多数数学家对社会历史进程影响不大，的确也有个别的数学家当上部长或总理，可是，恐怕没有人像冯·诺伊曼那样实实在在地影响第二次世界大战后的历史进程。

第二次世界大战后，人类进入了一个新时期，历史上称为冷战时期。冷战时期的主要特点是以美国和苏联为首的两大阵营对峙。从军事技术上来讲，发展核武器和运载工具已成当务之急。双方都认识到，军备竞赛的基础是科学和技术，科学已从战前的小科学发展成建立在国家实力基础上的大科学。比起核武器，由维纳和冯·诺伊曼等人所发展起来的计算机科学技术、控制论、信息论似乎还不那么受到重视，它们仍然只不过是军备竞赛的工具。

战后，科学家的形象发生很大变化。社会普遍认识到他们的重要性，但广岛投下的原子弹也让多数人感到震惊和恐惧。政治仍然掌握在政治家手中，将军与科学家也起着或多或少的作用。在东方阵营中，当然是斯大林说了算，而在西方，美国总统杜鲁门看来不是他的对手，可是他下面有一套机构为他出谋划策，其中包括政府部门，如1947年成立的中央情报局，参谋长联席会议，以及三军的科研管理机构。除了政府机构之外，还有企业及民间的智库，如IBM，以及兰德（Rand）公司。有意思的是，1948年，它们不约而同地聘请同一个人当它们的顾问，这就是冯·诺伊曼。那一年，他担任6个政府、军事部门的顾问，同时又兼任6个民间智库的顾问。这种情况可谓空前绝后。

冯·诺伊曼能够获得这种地位，无非是两条：政治上可靠，事业上能干，用中国人的话来讲就是"又红又专"。当然，首先是红。这方面，冯·诺伊曼没问题，遗憾的是，他站在众多数学家的对立面上，并因此遭人诟病。

第二次世界大战以后，很多问题摆在人们特别是权势人物及科学家面前：要和平还是安全，继续发展核武器、改进原子弹还是停止发展，对苏联强硬还是妥协。对这些问题的回答把美国人分化为鹰派和鸽派。冯·诺伊曼的态度十分明确，他属于鹰派，不过比起特勒等人来，他只能算鹰派中的鸽派。

为什么说冯·诺伊曼是鹰派中的鸽派呢？原来大清洗并非斯大林的专利，就在冷战的关键时刻，美国也掀起一场大抓"反革命"的运动，这就是臭名昭著的麦卡锡主义。

麦卡锡主义是美国参议员麦卡锡（John McCarthy，1908—1957）在1950年年初提出来的。他利用了美国人民希望有安全感而又不想打仗的心理，煽起反苏、反共的狂潮。这与 1949 年发生的几件事有关。首先是中华人民共和国成立，一边倒，倒向苏联。其次，苏联试验原子弹成功。再有柏林危机的出现，还有曼哈顿计划中苏联间谍被揭露。这些再加上党派政治的因素，使得麦卡锡攻击美国政府甚至军队中都有内奸的渗透，他还开出"黑名单"，准备大抓间谍，同时对于像爱因斯坦等自由派和平人士也加强监督与控制。就是像冯·诺伊曼这样的鹰派，也会有人提出各种质疑。这时首当其冲的是奥本海默，他是曼哈顿计划的总负责人。由于他过去与共产党有染，加上出了几个苏联间谍，自然脱不了干系。当然，也少不了极端分子给扣帽子、打棍子，特勒就是一个，他对奥本海默不支持氢弹研制耿耿于怀，指称奥本海默不可靠。轮到冯·诺伊曼作证时，他虽然在发表氢弹问题上与奥本海默有不同看法，但认为奥本海默在政治上还是忠诚可靠的。当反对研制氢弹的奥本海默对美国的忠诚受到怀疑时，冯·诺伊曼曾替他辩护。最终奥本海默未被起诉。

大战结束后，大多数科学家很快就摆脱军事研究，回到他们的老行当上，过着自由自在的生活。很多人对于投放原子弹的后果感到震惊。冯·诺伊曼一开始就同这些科学家不同，他投书《纽约时报》极力为核试验辩解。他甚至主张对苏进行预防性战争，可以说是十足的"鹰派"。

冯·诺伊曼战后的军事研究主要是研制氢弹。在原子弹还没有试爆时，被称为"氢弹之父"的特勒（Edward Teller，1908—2004）已经在设计制造氢弹的方案。战争结束后，许多人为这种大规模杀伤性武器感到震惊，极力反对这种当量再增 6 个数量级的超级炸弹，其中典型代表是曼哈顿计划的领导人——奥本海默。在多数人的反对下，氢弹计划只好暂停。由于苏联在 1949 年原子弹试爆成功，杜鲁门才在 1950 年 1 月重开氢弹计划,冯·诺伊曼也是其中主要顾问。最后 1952 年氢弹试爆成功。

与此同时,冯·诺伊曼的公职头衔达到十几项,他不仅是陆军、海军、空军各机构的顾问,而且是政府一些高级机构的成员(统领美国原子能研究的机构,后来称为原子能委员会。)。1952 年,冯·诺伊曼正式成为由总统任命的原子能委员会总顾问委员会成员。1955 年被艾森豪威尔总统任命为国家原子能委员会委员,同时还是导弹顾问委员会主席。作为一个高级行政官员,他迁往华盛顿居住。

数学界也没有忘掉他,战后各种荣誉、头衔纷至沓来,1951 年到 1952 年,他担任美国数学学会的主席。费米和爱因斯坦相继在 1954 年和 1955 年去世,而刚过 50 岁的冯·诺伊曼这时也已疾病缠身了。1955 年夏天,他觉得胳膊抬不起来,动了手术之后发现得了骨癌。这显然是放射性作用的结果。他那理智的头脑知道自己没有多少时间了,他坚持工作,甚至运动,但疾病很快地恶化。他只能在轮椅上呆着,但他还是不停地思考、写作甚至参加会议。1956 年,他被授予总统颁发的自由奖章,同年,又荣获爱因斯坦纪念奖章与费米奖章。1956 年 4 月,他被送到瓦尔特·里德(Walter Reed)医院,虽然他与那不可避免的命运拼搏,但始终无法同病魔抗衡,留下大量未竟之业于 1957 年 2 月 8 日与世长辞,后葬在普林斯顿。

工 作

冯·诺伊曼是 20 世纪最伟大的数学家。他的贡献遍及许多领域，我们可以归纳为四大彼此相关的部分：纯粹数学、应用数学、博弈论（对策论）及计算机科学。

冯·诺伊曼在纯粹数学、应用数学上作出了多方面的贡献，他创立了对策论（博弈论），发展了数理经济学。他广为人知的贡献是关于电子计算机的设计、技术、应用及理论发展，他的思想直接影响计算机的体系结构设计，以致现在的计算机称为冯·诺伊曼型计算机。二进制输入输出、程序内存乃至并行计算机、软件设计一些思想也来自于他。他视野广阔、高瞻远瞩，不只把自己局限在计算机的设计及制造上，而是同时关注其在各方面的应用。其中最重要的就是直接参与首次数值天气预报。为了有效使用计算机，他开创了数值分析，设计和改进许多算法（最突出的是蒙特卡罗方法）。在关注计算机科学、技术及应用的同时，他还前瞻性地开创了自动机理论，《计算机与人脑》就是这个理论的有机组成部分。

一、纯粹数学

19 世纪末纯粹数学形成四大领域、四小领域。四大领域是数论、几何、代数、分析；四小领域是代数数论、代数几何、微分几何、李群理论。到 20 世纪，四小领域取得巨大进展，它们同时也推动 20 世纪新数学特别是结构数学的产生。按照布尔巴基的说法，数学研究的基础结构、有序结构、代数结构及拓扑结构，对这些结构的研究形成了抽象代数学、格论、一般拓扑学，外加测度论，冯·诺伊曼在这些领域都做过贡献。在此基础上形成代数拓扑学、微分拓扑学、泛函分析、大范围分析等，但只有泛函分析才是冯·诺伊曼的强项。

归根结底，冯·诺伊曼是位数学家，他在纯粹数学和应用数学方面都做了大量工作，如数学基础——集合论、代数学（连续群）、格论、测度论、算子理论等。他的许多著作大都已成为各领域的经典著作，特别是最近成为大热门的算子代数，则是冯·诺伊曼的独创，他理所当然应被称为"算子代数之父"。而从历史上看，数理逻辑和遍历理论也具有相当的重要性。由于他在纯粹数学方面博大精深，1937年，美国数学会授予他波谢（Bôcher）奖（这个奖是美国数学界最高荣誉之一，之前只有维纳等五人获奖）。

1. 数理逻辑

20世纪初的新兴数学一个是结构数学，一个是数理逻辑。它们的数学基础是什么？无疑是康托尔的集合论，没有集合论就没有当时的新数学。尽管康托尔奠定了集合论的基础，却遗留下一些矛盾和问题谥然长逝。由此出现数学基础论的危机。集合论主要是无穷的理论，基本概念无疑是基数和序数。基数就是1，2，3，4等，序数就是第一，第二，第三，第四等，问题是把它们推广到无穷并不简单。康托尔本人花了很大力气，得到了许多无穷（即超限）基数和序数，但他始终没有得到一个合适的定义。

冯·诺伊曼在大学时期已经开始研究这些基本问题，并作出两大基本贡献：一是定义超穷序数，二是开创新的集合论公理系统。他在文章《超穷序数引论》一开始就声称："本文的目的是，精确而具体地理解康托尔的序数概念。"他认为康托尔本人的定义是对集合的类的共同性质的"抽象"，这个定义有点含糊，而冯·诺伊曼则给出一个明确的定义：每个序数是以前序数的集合。他的这个定义清楚明确毫不含糊，现在已成为标准的定义。

当时已有策梅洛提出，费兰克尔修改的集合论公理系统 ZF（以这两为数学家的姓的首个字母来缩写表示），冯·诺伊曼则提出自己的系统，后来发展成 NGB 系统［以冯·诺伊曼、哥德尔、贝耐斯（Bernays，Paul，1888—1977）的姓首字母来缩写表示］。1923 年 8 月 15 日他给策梅洛寄去自己的论文，他表示他的公理系统有如下的特点：① 集合是由函数及变元等原始概念得出，② 弗兰克尔的"代换公理"采用加强的形式，③ 容许"充分大"的集体，但不容许它们是任何集合的元素。

NGB 系统是 1938 年哥德尔关于连续统假设协调性证明的基础。

2. 算子理论及算子代数

希尔伯特空间的算子理论是泛函分析的核心之一。它来自冯·诺伊曼的综合及发展，而算子代数（冯·诺伊曼称为算子环）则是冯·诺伊曼的首创。他还进一步把它发展成连续几何、量子逻辑等理论。

冯·诺伊曼对算子理论研究的出发点是为量子力学奠定数学基础，他的主要贡献在于引进希尔伯特空间抽象概念并给出公理化定义，并系统建立希尔伯特空间的算子谱理论，特别是对无界埃尔米特算子理论进行研究。

当时海森伯用的是无穷阶矩阵作用到无穷维向量空间上，而薛定谔用的是薛定谔方程，即微分算子作用到波函数上。数学家早就研究过这些对象，19 世纪末已经研究过无穷阶矩阵，希尔伯特在 1906 年引进 l^2 空间，也就是平方可和空间的概念，它是 n 维欧几里得空间的推广。同时数学家也知道由平方可积的函数构成的空间 L^2，而波函数的概率解释也要求 Ψ 属于 L^2。1907 年两位数学家证明 l^2 空间与 L^2 空间是等价的，两者是同一种空间的两种不同表现形式。这种等价性不正是从数学上反映海森伯的矩阵力学和薛定谔的波动力学的等价性吗?! 剩下的问题就是把它们公理化,冯·诺伊曼把它们命名为希尔伯特空间。这是泛函分析最基本的概念,也是量子力学的理想的数学表述的工具。

希尔伯特空间是欧几里得空间到无穷维的推广,欧几里得空间的线性变换(矩阵)也就自然推广成希尔伯特空间的线性算子,而线性变换的特征值(本征值)也就自然推广成线性算子的"谱"。有趣的是,希尔伯特在1910年定义他的"谱"时,万万没有想到它们居然对应着原子光谱。当时他研究的是比较窄的一类积分算子,不久又把这种谱理论推广到更广泛的一类算子,用冯·诺伊曼的话讲,就是希尔伯特空间的有界(对称)线性算子。冯·诺伊曼把量子力学公理化时,用希尔伯特空间的点表示物理系统的状态,物理系统的可观测量则由希尔伯特空间的线性算子来表示,而能量算子的本征值和本值函数就是该系统的能级及相应的定态。冯·诺伊曼在数学及物理学之间建立的这种对应关系简直漂亮极了,使人觉得这不是凡人的作品。

遗憾的是,物理学中碰到的算子一般不是有界的,冯·诺伊曼必须努力从数学上把希尔伯特的谱理论推广到无界厄米算子上。正是通过这种努力,他建立了算子理论这门崭新的学科。他选取最一般的有谱分解的厄米算子——超极大对称算子来建立他的谱理论,从而使这个问题得到圆满解决,这是1929年的事。

冯·诺伊曼研究算子代数的出发点是研究量子力学,经典物理学中的物理量用数表示,而量子力学中的物理量则对应于希尔伯特空间的算符,即数学家的算子,也就是作用于函数上产生另外一个函数的运算,如微分算子。一组算子满足代数的公理，加上一些其他条件就构成算子代数，现在称为冯·诺伊曼代数，冯·诺伊曼等人不仅首先引进它，还把构成代数的因子分成三型五类，对 I 型完全分类，而 II 型、III 型分类只获得局部结果。

算子代数的奠基性工作是由冯·诺伊曼和他的学生马瑞（F. J. Murray，1911—1996）在 1936 年到 1943 年发表的四篇论文"算子环 I、II、III、IV"，全文达 800 页之多。在第一篇文章中，他列举研究的动机有下列几方面：① 给算子演算一个框架，② 把西表示理论从经典的限制中解放出来（从有限维表示过渡到无穷维表示），③ 为量子力学提供数学工具，④ 建立不满足有限性条件的抽象代数学。

经过他们的研究，算子代数已经成为现在数学分析中的热门，而且在物理方面（尤其是量子场论）有着重要的影响。

算子代数是代数结构与拓扑结构相结合的产物，所以它的结果往往显示代数的形式，而证明却用解析的方法。在研究中，有限维代数的结果是研究者的指路明灯。有限维代数可以分解为两大类，可解代数和半单代数，其中半单代数又可以分解为单代数的直和，而每一种单代数又可以具体表示为矩阵。算子代数当然要复杂得多。但是他们也得出相当丰富的结果。首先，任何冯·诺伊曼代数可以分解为因子的直积，下面的问题就是把因子进行分类。他们通过维数函数把因子分成五型：I_n，I_∞，II_1，II_∞，III，而且进一步研究它们之间的同构关系。I_n 型是有限维的矩阵代数，I_∞ 型是希尔伯特空间上所有有界线性算子构成的代数。但是，II 型和 III 型是一些怪东西。他们发现了 I_n 型因子不只一个，其后进展缓慢，只是到 20 世纪 60 年代末，算子代数才取得新的突破，对于 II 型和 III 型因子的分类及结构研究取得比较完整的结果。

II_1型结构显示出维数不是整数，可以是 0 与 1 之间任意一个实数的对象。为研究这种对象，冯·诺伊曼在 1935 年秋天创造了"连续几何学"及其相应的代数——冯·诺伊曼止则坏。当时正是格论、环论大发展的时候，这些理论引起学界很大的兴趣，并且从中引出量子逻辑的研究。

冯·诺伊曼的理论经历 30 年进展不大，一直到 20 世纪 70 年代初，法国数学家孔涅（Connes, Alain, 1947—   ）才完成冯·诺伊曼的未竟之业，对因子进行完全的分类，为此他荣获 1982 年的菲尔兹奖，以及 2001 年的克拉福德奖。到此为止，算子代数还只不过是数学领域中的一个专门分支。但近二十年来，算子代数已经成为数学和物理学的中心。冯·诺伊曼代数的推广代数一方面与拓扑学、叶状结构、动力系统、微分几何学、大范围分析、拓扑 K 理论、代数 K 理论和非交换几何有关，另一方面成为量子场论和统计物理学的基础，其前途不可限量。

3. 遍历理论

遍历理论又称各态历经理论，是 19 世纪后半叶，统计物理学开创时期提出来的。麦克斯韦的气体分子运动论指出气体的宏观性质（压力、温度）是由位置不同、速度各异而且不断变化的许许多多分子运动的结果。我们通常用相空间来描述这个分子集体中分子的位置及速度，在总能量不变的情况下的平衡状态，分子集体可能处的微观状态很多很多，但都处于一个超曲面之上。我们用统计方法计算宏观量时，是对微观状态的各种可能性进行（加权）平均求得的。所谓遍历性假设就是随着时间的流逝所有这些状态都要经过，也就是等能量的超曲面由单一轨道组成。换句话说，不管系统在某一时刻处于什么状态，它将经过（或已经过）总能量相同的另外任何状态。

玻尔兹曼在 1871 年提出遍历假设之后，遭到物理学家等科学家的一致反对，后来就很少有人研究这个问题。1929年，冯·诺伊曼在对量子力学系统给出遍历假设成立的充分必要条件后，对于经典力学系统的问题也进行了思考。他到了美国后，碰到了库普曼(B. Koopman，1900—1980)，库普曼告诉他，保测变换可以诱导出酉算子。而冯·诺伊曼是算子理论的创始人之一，当然对酉算子了如指掌，他对酉算子的解析性质早有研究，那么自然想到由此可以了解变换的性质，也就是得出遍历假设几乎成立的条件。1931 年 10 月，冯·诺伊曼得到了遍历理论的第一个重要定理——平均遍历定理。他马上把自己的结果告诉了库普曼及其老师柏克霍夫(G. D. Birkhoff，1884—1944)，并同他们进行讨论，指出有可能改进"个别"遍历定理。11 月，柏克霍夫证明了"个别"遍历定理，并马上写文章送美国《国家科学院院报》于 1931年 12 月发表。冯·诺伊曼的稿子投得晚，到 1932 年初才发表，结果给人的印象，仿佛是冯·诺伊曼稍弱的结果比柏克霍夫较强的结果得到的还晚。柏克霍夫是美国数学界的头面人物，很有势力，维纳对他很不满意。这事当然也让冯·诺伊曼感到不愉快，不过，他没有发作，仍然同柏克霍夫父子保持相当好的关系。后来柏克霍夫和库普曼联合发表一篇文章，把数学的遍历理论的开创历史如实地进行叙述，才算了结这桩公案。

在 20 世纪 30 年代的早期工作之后，70 年代以后遍历理论又取得巨大突破，它不仅推广到微分动力系统之上，而且原先的哈密尔顿动力系统的遍历性取得重大进展，成为蓬勃发展的热门学科。这些，与冯·诺伊曼奠基性的工作是不可分的。数学大奖沃尔大奖的获得者柯尔莫戈洛夫和辛耐(Sinai, Yakor, 1935—　）对遍历理论都作出了突出贡献。同时遍历理论在信息论和编码理论上也有重要作用，而且与组合学和数论等分支有着不可思议的联系。

4. 其他

冯·诺伊曼在纯粹数学方面还有许多贡献，下面列举其中两个：

① 对于紧群解决希尔伯特第五问题。也就是如果紧致拓扑群，局部同胚于欧氏空间，就是李群。早在 1927 年，冯·诺伊曼已证明一般线性群的闭子群是李群，后来嘉当（E. Cartan, 1869—1951）指出其证明方法也可用于任何李群的闭子群上。另外，冯·诺伊曼对于一般拓扑群的结构有深刻的认识，知道它像实数一样具有代数结构及拓扑结构，因此，可以像实数一样在其上引进测度、积分与概周期函数，发展一套分析理论，这对数学以后的发展是至关重要的。另外他也独立得出哈尔测度的概念并证明其唯一性。

② 测度论。冯·诺伊曼用自己的群论知识来解释豪斯道夫-巴拿赫-塔斯基悖论。这个悖论最简单的情形就是两个不同半径的三维实心球体（因此体积不等）都可以分解成有限多个子集，使得这些子集可以两两重合（因此体积相等）。四维及四维以上实心球也有同样悖论，但一维实心球（闭线段）和二维实心球（闭圆盘）就没有这样的分法。冯·诺伊曼的解释是三个或三个以上变元的正交群都包含非交换的自由群，而一复元及二复元正交群则不包含这种群。

二、应用数学

1. 量子力学的数学基础

冯·诺依曼对数学物理的首要贡献是用泛函分析为量

子力学奠定数学基础。其系统表述发表在 1932 年出版的《量子力学的数学基础》一书中。

1900 年以前的物理学以牛顿力学和麦克斯韦的电磁理论为核心，能够解释当时所知的几乎所有的宏观现象，被称为经典物理学。19 世纪末到 20 世纪初，出现一些用经典物理学难以解释的现象和问题，其中涉及微观世界的理论被称为量子力学。

量子物理的缔造者有普朗克（Max Planck，1859—1947）、爱因斯坦（Albert Einstein，1879—1955）、玻尔（Niels Bohr，1885—1962）、玻恩（Max Born，1882—1970）、德布罗意（Louis de Broglie，1892—1987）、海森伯（Werner Heisenberg，1901—1976）、薛定谔（Erwin Schrodinger，1887—1961）、狄拉克（Paul Dirac，1902—1984）、费米（Enrico Fermi，1901—1954）等。量子理论是从 1900 年到 1925 年发展起来的。它的三个里程碑是 1900 年普朗克首先用量子假设解释黑体辐射现象。1905 年，爱因斯坦用光量子理论解释光电效应，而这用经典电磁理论是完全无法解释的，这是最为关键的。1913 年，玻尔用量子假设成功地解释氢光谱，从而确定量子理论是不可动摇的地位。然而，很长时期，人们很难理解光究竟是波动还是粒子，或者说什么时候是波动，什么时候是粒子。

最为重要的突破是 1924 年法国物理学家德布罗意提出更为大胆的推广，不仅光，而且所有物质粒子，都有波-粒二象性，而且表征波动的物理量、动量与能量之间有着简单的对应关系

$$\lambda = \frac{h}{p}$$

$$f = \frac{E}{h}$$

其中 h 为普朗克常数。物理学与数学不同,公式虽然漂亮,但需要实验证明,最典型的实验就是当时确认的电子如何表现出只有波动才有的干涉及衍射现象。

1925 年和 1926 年标志着量子力学的诞生。海森伯引进矩阵力学来计算原子光谱,而薛定谔引进波动力学和薛定谔方程,两人互不相让。1926 年大数学家希尔伯特对此感兴趣,自然引起他的助手冯·诺依曼的注意,他引入希尔伯特空间及其算子的谱理论,一举证明这两种形式等价,并给出量子力学严格的数学基础。

当时的物理学家对于数学并不特别在意,海森伯的矩阵力学随意地把有限维矩阵推广到无穷维,狄拉克引入难于处理的 δ 函数。

冯·诺依曼给出严格的数学概念,并把物理学的基本假定作为公理来表述。

① 物理系统的状态是希尔伯特空间的点。

② 可观测物理量是在希尔伯特空间中稠密定义的埃尔来特算子(物理学中称厄米算符),它通常是无界的。

牛顿力学及麦克斯韦的电磁学乃至爱因斯坦的狭义相对论的数学基础,都是物理学家自己奠定的。量子力学却不一样,物理学家不是不了解当时已发展的新数学,就是搞一些不怎么严格的数学(如狄拉克的函数)。海森伯用的是格丁根大学学过的矩阵论,可是当时数学家常用的矩阵,对于物理学家还很陌生。从那以后,线性代数才开始成为必修课。而薛定谔在 1926 年得出以他的姓命名的著名方程,自己却不会去解,可是在 1924 年出版的希尔伯特和库朗的名著《数学物理方法》中早已有其解法了。数学及物理学这种史无前例的脱节只能靠冯·诺伊曼这样的全才来补全。《量子力学的数学基础》在 1932 年出版德文版之后,已经译成世界各种主要文字(只有中文是明显的例外）出版，它重新恢复过去数学及物理学那种相得益彰的关系：量子力学有了可靠的表述，像海森伯的矩阵力学及薛定谔的波动力学等价性在希尔伯特空间的框架内有了完满的数学证明。同时，冯·诺伊曼为此还发展了希尔伯特空间及其上的线性算子理论，这已成为现代泛函分析的基础。凡是要对量子力学基础提出挑战的话，比如现在争论得还很热闹的"测量问题"，特别是玻姆（David Bohm，1917—1992）等人提出的隐参数问题，都要回到冯·诺伊曼的前提。其后，冯·诺伊曼与其他人合作研究过的"量子逻辑"、"量子代数"等至今仍是许多学者研究的主题，它们也是涉及当前的最大热门之一量子计算、量子通信、量子计算机及算法的基础之一。量子力学基础仍然是物理学家和数学家热心研究的问题。例如，菲尔兹奖获得者费弗曼（Charles Fefferman，1949—　）就用调和分析来表述海森伯的测不准原理。

　　冯·诺伊曼不仅建立量子力学的数学基础，他还进而为量子统计力学奠定基础。他引进量子熵以及正则系统的密度矩阵。1929 年，他还进而表述及证明量子系统的遍历定理。这些并非他在物理学上的唯一贡献，特别值得一提的还有他在群论以及天体物理的工作。

　　2. 流体力学与天体物理学

　　冯·诺伊曼对理论的研究及在军事上的应用使他对流体力学特别关注。数学物理中许多可解的方程是线性的，例如电磁学的麦克斯韦方程及量子力学的薛定谔方程，这些都产生出漂亮的理论，同时也有许多实际应用。流体力学是数学物理研究中最薄弱的环节，其方程是非线性的，而且关于流体的理论也是比较弱的。然而，从航空到炮弹乃至原子弹爆炸都离不开流体力学，这就不能不推动冯·诺伊曼从多条途径考虑问题，当然首先是理论，同时他对于由此产生的计算尤为关注。由于计算机的问世，他为激波、爆炸波的计算设计了算法。

在天体物理学方面，冯·诺伊曼早在 1935 年就对相对论中的爱因斯坦场方程进行过研究，更重要的是他同天体物理学家钱德里塞卡（S. Chandrasekhar，1910—1995）合作发表题目都为《由随机的量体分布引发的引力场的统计》的两篇论文。钱德里塞卡是出生于印度的天体物理学家，在 1983 年获得诺贝尔物理学奖。

三、博弈论及数理经济学

冯·诺伊曼是在传统的数学物理学和数理统计学之外创立第三大类应用数学的主要人物。这第三大类应用数学的名称往往称为运筹学、管理科学、系统分析或决策科学。在这一学科族中，博弈论是第一个有着完整表述的系统的数学分支。冯·诺伊曼这方面的论著在二次大战前只有三项，即他单独写的两篇论文和同摩根斯顿合著的《博弈论与经济行为》。这三项论著实际上为博弈论的提出奠定了基础。第一篇论文于 1926 年在格丁根数学会上宣读，1928 年发表，主要讨论有限二人零和对策，证明最优策略存在，并推广到有限三人零和对策，引进特征函数，它后来推广成沙普利（Shapley）值。

第二篇论文是讨论一般经济均衡理论，这个理论至少可以追溯到 19 世纪 70 年代瓦尔拉（Walras，Leon，1834—1910）的工作。冯·诺伊曼的论文直接应用拓扑学建立均衡的存在理论。他首先于 1932 年在普林斯顿的会议上宣读这篇论文，其后于 1938 年用德文发表，1945 年译成英文出版。

早在 1928 年，冯·诺伊曼已证明博弈论的基本理论。

他引进的效用函数以及公理化都是以后研究的出发点。他研究的一般经济均衡的方法——不动点理论，一直沿用至今。

冯·诺伊曼和摩根斯顿所著《博弈论与经济行为》于1944年初版，1947年再版，1953年三版。它在一定条件下，证明任何人对策解的存在性和唯一性。这600多页的论著有三分之二讨论合作对策，其中包括大量的概念和技术。

经济学中，冯·诺伊曼用博弈论的思想来分析生产模型，这样就为均衡点的存在及计算打下了基础。到20世纪60年代，各种数值方法的出现实际上都来源于他的工作。

冯·诺伊曼的工作从方法上标志着数理经济学的新时代的来临。他的方法证明，现代数学的公理思想，抽象的概念对于实际问题一样有着巨大的应用价值。他的哲学观点预示着未来数学家的工作——数学家可以在极其广泛的领域中选择课题进行研究。无论是博弈论还是其他数学理论与经济学的结合都已经取得而且必将继续取得重大进展。这已为1994年、2005年诺贝尔经济学奖授予研究博弈论的三位数学家而证实。

四、计算机科学及应用

电子计算机的历史意义是怎么强调也不过分的，但是与其他人不同，冯·诺伊曼对于电子计算机的贡献是全方位的，主要可分为以下几方面。

1. 电子计算机的设计

电子计算机的革命作用以及冯·诺伊曼所起的作用已是众所周知的了。冯·诺伊曼对计算机设计作了根本的改进（特别是程序内存的思想），以致现在几乎所有计算机均为冯·诺伊曼型计算机。许多人提到的非冯·诺伊曼型计算机至今还不成熟,而且也依赖于他的自动机思想。他的另一个重要思想是区分硬件和软件,虽然软件这词一直到 20 世纪 60 年代后期才出现。

早在 1946 年,冯·诺伊曼和哥德斯坦研究编程序的问题,他们发明所谓"流程图"来沟通数学家要计算的问题的语言和机器的语言。他们采用一些子程序,而且采用自动编程序的方法把"程序员"的语言翻译成机器语言,这样大大简化了程序员编制程序的烦琐步骤。

从某种意义上来讲,冯·诺伊曼是现代数值分析计算数学的缔造者之一。他对计算机的各种可能性进行了广泛的研究和探索,特别是对于计算机广泛使用的线性代数的计算的研究(比如求解高阶线性方程组,求特征根、矩阵求逆等),设计了计算程序,研究了误差范围。他最感兴趣的是流体力学问题。要把连续问题化成计算机能做的离散问题就必须考虑数值稳定性,也就是离散方程的解收敛于原来解的问题,以及误差的积累和传播的问题。对于解决这个问题,他做了大量奠基性的工作。由于有了计算机,还要发展适合于计算机的算法,特别值得一提的是他协助乌拉姆等人发表了蒙特卡罗(Monte-Carlo)算法(1949 年首次发表),这种方法是把数值计算问题化成为统计抽样问题,通过大量抽样而计算出结果来。

冯·诺伊曼念念不忘使用计算机"摸规律",由于他的早逝没能完成这方面的工作。费米、乌拉姆等人在他的影响下于 1954 年进行著名的非线性谐振子计算机实验。这个实验经过改进,在 1967 年终于得到浅水波方程的孤立子解,由此显示了计算实验的伟大启发力量。

现在对冯·诺伊曼串行计算机的最大改进是并行计算

机的开发与使用，可是，最早提出并行计算观念的还是冯·诺伊曼。50多年之后的今天，我们还没有跳出这位天才的思想领域。

2. 计算机的应用

本来设计计算机是为了用来计算弹道的，但第一台电子计算机（ENIAC）问世时，第二次世界大战早已结束。这时，冯·诺伊曼就以非凡的远见卓识，为计算机找新的用场。电子计算机第一项重大贡献是数值天气预报，这完全是冯·诺伊曼的亲自组织以及与气象学家密切合作的结果。

1946年，冯·诺伊曼刚回到普林斯顿，就把数值天气预报作为考验电子计算机的头号课题。这个选题非常合理，因为：

（1）天气预报的基本方程组是流体动力学方程组，人们一直对它的解析解无能为力，而且只有通过计算机才能对解的性质有着一些了解。

（2）天气预报无疑有极大的实用价值。

（3）1922年英国应用数学家理查孙（Lewis Fry Richardson，1881—1953）已经提出一个合理的数学模型，只是由于计算太慢，当天的天气只能在后天或大后天才能预报出来，只有快速的计算机才能完成提前预报天气的任务。

（4）数值预报必定使大规模科学计算的问题暴露出来，从而促使冯·诺伊曼建立有效的数值方法和数值分析，其中首要的问题是误差的来源和误差的传播，它可能造成计算的不稳定性，同时误差可能放大到同数据相同的数量级，使得计算结果完全没有意义。

1948年，气象学家查尼（J. C Charney，1917—1981）来到普林斯顿。他对流体动力学方程组进行适当简化，排除掉对应于高速声波和重力波的解，而其余的解保持不变。这样他不仅简化了方程,而且绕过引起不稳定的因素,从而把问题带入可计算的范围。1948 年秋天,冯·诺伊曼和查尼等进一步研究地球表面的影响,1949 年,设计出数值实验、数值方法都用差分法的方程,计算的稳定性满足 1928 年库朗等人提出的条件,初始条件取自北美上空的数据,程序由冯·诺伊曼等人设计。1950 年 4 月用 ENIAC 成功地进行计算,得出精确的结果。其后把这个最简单的方程推广,加入更多的实际效应,得出简单的三维模型。1953 年在普林斯顿用计算机MANIAC 进行实验,已能预报风暴的发展。由于冯·诺伊曼为首的科学家的努力,1954 年起天气预报成为例行公事。

3. 发展数值分析(Numerical Analysis)

电子计算机使大规模数值计算成为可能,但也带来不少理论问题。首要的问题,是经大量计算后,减少(舍入)误差的积累对结果精确度的影响。计算机的算法必须误差影响小,也就是具有数值稳定性。

1946 年,冯·诺伊曼和伯格曼(S. Bergman,1898—1977)及蒙哥马利(D. Montgomery,1909—1992)为美国海军部写了一个报告《高阶线性方程组求解》,但未发表。1947年,冯·诺伊曼和哥德斯坦发表题为《高阶矩阵数值求逆》,首先对线性方程组高斯(Carl Friedrich Gauss,1777—1855)消去法进行误差分析而开辟了数值分析这一领域。同年美国国家标准局建立国家应用数学实验室,并建立数值分析研究所。冯·诺伊曼这些开创性的工作以及一系列研究机构的建立都表明数值分析脱离开传统的数学分析而成为独立分支。在此之前,一系列的计算方法[如有限差分法、黎茨(Ritz,1878—1909)方法等]虽已发明,但是不一定适用于计算机。此后,特别着重于研究计算机计算方法。冯·诺伊曼的工作为科学与工程计算奠定了基础。

4. 建立新算法

蒙特卡罗算法与传统的数学算法完全不同，是靠掷骰子来求近似值的。这种思想早在 18 世纪就有，维纳也曾有过类似想法。1945 年底，乌拉姆首先想到，后来同冯·诺伊曼多次讨论而成为一个有效的、适用于计算机的算法。用他们的话来说，这是"使用随机数来处理确定性问题的方法"。1949 年，蒙特卡罗算法正式发表之后，引出大量理论研究及应用。它几乎可以用于所有的问题及领域，在高维问题（例如求高维区域的体积）有着其他方法无法比拟的优点，而且对许多问题是不能用其他方法来替代的。

蒙特卡罗算法的意义不仅仅在于它是一个优秀的算法，还在于它开辟了与数值计算完全不同的道路——即非决定模型和随机算法。无论是人计算还是计算机计算，错误及误差是经常存在的，而且并不像人们所想象的那样容易被消除。现在，随机算法已经是一个不可忽视的重要领域。

5. 开拓自动机理论

冯·诺伊曼晚年的兴趣在于发展一般的自动机理论，这可以看成他早期对数理逻辑的工作以及他以后对计算机研制工作的综合。其中他研究了两个最复杂的问题：一是如何用不可靠的元件来设计可靠的机器；二是如何建造自繁殖机。自动机是计算机的理论模型，也是改进计算机功能的必经途径。在人们还刚刚对新生的计算机赞叹不已时，冯·诺伊曼已远远走到他们的前头：计算机怎样才能成为名副其实的电脑。他没有来得及完成他一生最后一项大计划，但遗留下来的思想还在继续指导今后的工作，他把机器和人脑进行了细致的比较，明确指出人脑与计算机显著不同之处是它由不可靠元件组成可靠的机器，他预示了信息传输理论、编码理论、可靠性理论乃至模糊数学理论。他还提出两种方法去设计网络,使错误减到某固定值之下。此外,冯·诺伊曼还研究自繁殖机并且设计了两套模型,其中第二套模型是无穷方阵,在结点处是"细胞"——它具有 29 个可能的状态,每个细胞的状态由前一时刻的四个相邻细胞的状态决定。这样整个细胞阵列就可以由原来某种静寂(死)状态变成活状态,从而达到"活"细胞的繁衍增殖。他还考虑这种自繁殖机的"进化"问题,这里他考虑了复杂性问题——这也是现代计算机科学一大热门,同时对比生物体提出了这种自动机的临界大小问题。

历 史 评 价

尽管冯·诺伊曼已经过了他的百年华诞,去世也超过了半个世纪,我们仍然在享用他的科学遗产。

20 世纪已经过去快十年了,其间,有成百上千项科学技术成就影响着时代的发展、社会的进步,冲击我们的生活、工作和思想。爱因斯坦因其广义相对论(一个推论是质能关系)、一般相对论、量子理论、激光理论等开创性的贡献,被公认为 20 世纪最伟大的科学家。他似乎是原子时代的象征。长期以来,原子弹是悬在人类头上的达摩克拉斯之剑。随着冷战结束,突然间,世界由原子时代进入比特时代,更通俗地说进入信息时代,而信息时代的中心无疑是电脑。如果说,冯·诺伊曼是电子计算机之父,肯定有许多人不赞成,发明电脑的优先权甚至也引起法律纠纷。可是,谁有资格做比特时代的象征呢?恐怕非冯·诺伊曼莫属。

计算机发展到今天,无疑是物理学(电子学)与数学相结合的产物。然而,计算机的研发及使用主要靠数学。数学是计算机得以广泛应用的幕后英雄。而这正是冯·诺伊曼的中心思想。冯·诺伊曼不仅主导计算机的设计，而且其设计思想在各个领域有着更广泛的应用。他开拓了当前蓬勃发展的四大领域：① 计算机科学；② 数值分析；③ 算法设计；④ 计算机实验（现在发展为实验数学）。

这些都是与数学密切相关的领域，也是新时代的重要研究方向。单单这些已足以使他名垂青史。但是，冯·诺伊曼看得更远，他很早就认识到计算机改变世界的巨大潜能，而当时很少有专家能够意识到这一点。其中最典型的就是数值天气预报。可以说，这项影响我们日常生活的事业，要是没有冯·诺伊曼的首创实现起来会困难得多。冯·诺伊曼的远见卓识还不止于此，他还有一个梦想，那就是控制天气。这是他没能预见到其难度的少数猜想之一。因为当时大家对于所谓"浑沌"还一无所知，另外，大气团的能量控制作用方式也很复杂。冯·诺伊曼去世50年后，我们仅能局部地，一时地"呼风唤雨"，对于灾害性天气的预报尚有困难，更不用说冯·诺伊曼想象的控制与利用了。

我们现在已实实在在地进入信息时代，实际上，1945年之后由于原子弹的爆炸，几乎所有人都只关心"核"问题，只有冯·诺伊曼认识到未来属于大型、快速、高存储的计算机，正是他的远见卓识成就了这个新时代。

冯·诺伊曼开创的另一大领域可以统称为"决策科学"，他也应该被尊称为决策科学之父。这门科学在第二次世界大战前后可以说方兴未艾，正是冯·诺伊曼等人把它变成一个必不可少的领域。其核心部分是他开创的博弈论。另一部分是运筹学以及其中最活跃的一部分——数学规划理论，正是他有效地运用线性规划方法，超越了代数方法及分析方面（微积分），从而使线性规划方法成为最有效的应用数学工具之一。

人类有史以来就不可避免地要进行决策，但多数情况下是少数人拍脑瓜，既谈不上民主，更谈不上科学。当前社会多种因素相互作用，情况多变，许多决策者的独立决策都要求科学决策。科学决策要包括合理的逻辑及数学表述，对数学问题的术解，以及对各种可能后果的预测。正由于冯·依诺曼的工作，博弈论已从纯数学变为经济学的重要组成部分。

冯·诺伊曼在纯粹数学与应用数学和数学物理上的巨大贡献在相关领域也是绝对一流的。不过，计算机和决策科学这两大领域更容易为专家以外的公众所了解。

值得注意的是，作为一位如此大量的原创性贡献的大科学家，冯·诺伊曼并非只是关在书斋中的学者，而是在实际事务中也起着非凡作用的非凡人物。

一位科学家有如此大的影响已是惊人的了。冯·诺伊曼还有其他的方面使他无可超越，主要表现在他的战略性思考。他所处的时代是十分动荡的时代：20 世纪 30 年代是法西斯上台、第二次世界大战即将爆发的时期，而 1945 年之后则是冷战时期。在战前，他深刻认识到战争必将爆发，不能抱有任何和平幻想，同时，他预测到了美国的作用，这显示了他非凡的洞察力。他在 1939 年就说过，"我承认，美国将会成为帝国主义者。如果在 20 年内它成为帝国主义者我不会感到奇怪。然而，它现在还不是。"现在人可能根本不了解，1939 年美国因孤立主义盛行而想置身战争之外，甚至都反对战时援助英国，而冯·诺伊曼早就预见到美国必然参战这种趋势。这些都是在 21 世纪发表的冯·诺伊曼的信中见到的。冯·诺伊曼在二次大战之中和其后就更有洞察力了。在许多方面他是持少数意见者。一句话，他是鹰派中的鸽

派。冷战时期先是和平幻想甚嚣尘上，当苏联如冯·诺伊曼
所预料那样很快制造出核武器时，美国的麦卡锡主义开始盛
行。从 1950 年到 1954 年，麦卡锡主义对美国有着极大杀伤
力。冯·诺伊曼则坚持，在培养科学人才时除了能力之外不
要有其他的考虑。冯·诺伊曼没能看到苏联卫星上天，只有
到这时，美国人才意识到自己教育与人才的弱势地位而奋起
直追。

主要参考文献

［1］John von Neumann. Collect Works of John von Neumann. A. H. Taub，ed.（共 6 卷）N. Y. Pergamon Press，1961.

［2］John von Neumann. Mathematische Grundlagen der Quantenmechanik. Springer，1932.

［3］John von Neumann. O. Morgenstern. Theory of games and economic behavior，Princeton：Princeton Uni. Press，1944，第二版，1947，第三版，1953.

［4］John von Neumann. The Computer and the Brain. Yale：Yale University Press，1958.

［5］John von Neumann. Selected letters. Miklòs Rédei，ed. Providence，RI，American Mathematical Society，2005.

［6］John von Neumann. *Papers of John von Neumann on computing and computer Science*. Aspray and Arthur W. Burks，eds. Cambridge，Mass. ：MTT Press，1987.

［7］N. Macrae. John von Neumann. New York：Pantheon Books，1992.

［8］S. J. Heims. John von Neumann and Norbert Wiener. Cambridge，Mass. ：MIT Press，1980.

［9］S. M. Ulam. etc. John von Neumann（1903—1957）. Bull Amer，ed. Math. Soc vol. 64. Supp，1958.

［10］S. M. Ulam. Adventures of a Mathematician. New York：Charles

Scribner's Sons,1976.

[11] H. Goldstine. Thw computer from Paseal to von Neumann. Princeton: Princeton University Press,1972.

[12] M. Dore et. al(eds.). John von Neumann and Modern Economics. Oxford University Press,1989.

[13] I want to be a Mathematician, Paul R. halmos. New York: Springer-Verlag New York,Inc,1985.

[14] Burks,Arthur W. *Theory of Self-Reproducing Automata*. Urbana: University of Illinois Press,1966.

[15] Aspray, William. *John von Neumann and the Origins of Modern Computing*. Cambridge Mass: MTT Press,1990.

[16] 胡作玄.冯·诺伊曼：二十世纪的天才数学家,自然辩证法通讯(2),1984,67—68。

[17] Glimm,et. al (eds). The Legaey of John von Neumann. RI Providence, American Mathematical Society,1990.

科学元典丛书

即将出版

科学元典丛书（彩图珍藏版）

扫描二维码，收看科学元典丛书微课。